中小学生最爱的科普丛书

伟大的航天

张哲 ◎ 编

时代出版传媒股份有限公司
安徽科学技术出版社

前 言

　　人类的梦想和宇宙一样没有边界和局限，梦想有多远我们就可以走多远。当人类的梦想与科学结合起来的时候，你就会发现想象力所带来的强大动力以及科学带给我们的巨大惊喜。古人仰望星空，当看到皓月当空，他们幻想过登上月球，他们也幻想能够腾云驾雾。但是真正的宇宙旅行没有想象的那么浪漫，你能走多远，更多的是取决于你使用什么运输工具。那么你了解这些工具吗？它们都有什么本领，它们又是什么样子的？

　　当你走进航天科技的世界，你会看到它们。它们可以登上月球，它们可以漫步火星，它们可以遨游太空。它们就是通向太空的阶梯——火箭与航天器。

目 录

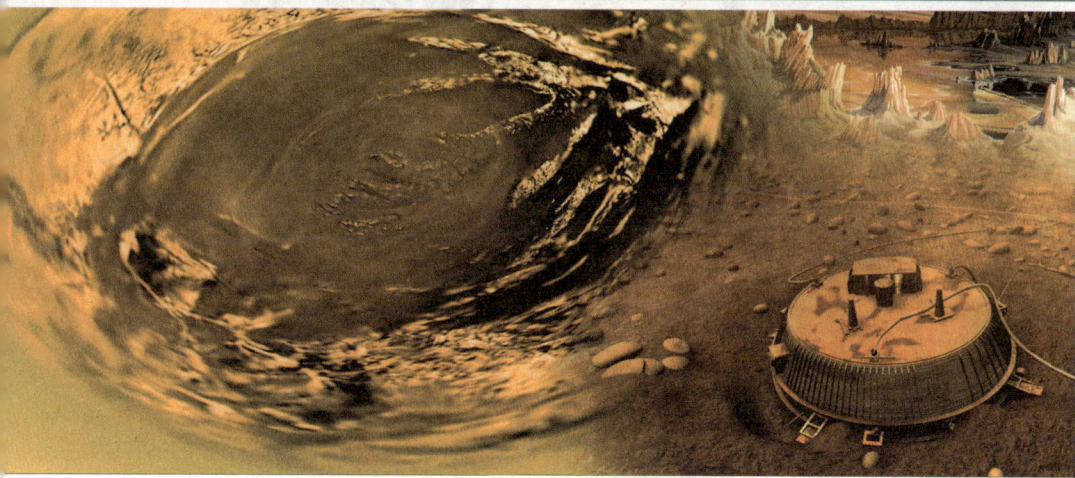

人类的飞天梦

当人类看到鹰击长空，他们就幻想拥有上天入地的本领。而飞天更是很多人的梦想，但是人做不到，所以往往寄托于神话。古代的神仙往往都可以腾云驾雾，而近代的超人甚至可以在宇宙自由飞行。

6　　《西游记》人物——孙悟空

乘风而行

"夫列子御风而行，泠然善也，旬有五日而后反。"庄子在他的《逍遥游》中说列子可乘风而行，其实也是对飞天的一种假想。

神话中的登月

早在美国宇航员登月前，就有一个叫嫦娥的神话人物"登月"了。当然，阿姆斯特朗在踏上月球时没有见到我们所说的嫦娥，因为她只是中国人对飞天的梦想。

从神话开始的梦

《西游记》中的孙悟空一个跟斗十万八千里，大概可以绕地球转一圈多。目前没有什么飞行器能够这么快，我们最快的航天飞机也做不到。古代人类的梦想早就已经在神话中进入了辽阔天空。

"嫦娥奔月"不再仅仅是那个古代的美丽故事。2007年10月24日18时05分中国第一颗绕月卫星成功发射升空，它的名字被命名为"嫦娥"1号。

第一个坐"火箭"的人

约 14 世纪之末，中国有一个叫万户的人，利用 47 枚大火箭，做推进座椅飞行前进的试验。因此，外国人称中国人是"第一个试图使用火箭作运输工具的人"。

万户飞天

代达罗斯和伊卡洛斯

希腊神话中描述的代达罗斯和伊卡洛斯父子，他们用腊将羽毛粘起来做翅膀。但是经过太阳的时候，儿子伊卡洛斯的翅膀被烤化了，不幸掉到了海里。父亲却凭借这个翅膀飞越了爱琴海，到达了那不勒斯。

代达罗斯送儿子伊卡洛斯飞行的瞬间，也注定了父子此后的永别。

除了用羽毛飞翔以外，人们还尝试模仿蝙蝠等其他动物进行滑翔。

第一个用翅膀飞的人

据《前汉书王莽传》记载，我国西汉时期有一位年轻猎人曾经用鸟的羽毛造了一对很大的人造翅膀，缚在自己身上，从高处跃下尝试飞行，甚至还当众做了表演，飞了"几百步远"。

7

飞上天空

　　人类一直认为拥有羽毛和翅膀就可以飞，所以做了很多尝试。但是，事实证明羽毛不能帮助人类实现飞天梦，那么他们到底是如何实现飞翔的呢？就让我们一起来看看吧。

根据达·芬奇的设想制作的飞行器。

无畏的飞行先驱

　　1507 年，英国的达米安从苏格兰的斯特林城堡纵身跃起，想要飞往法国，结果在城堡下摔断了大腿。然而他把失败推卸于使用了鸡的羽毛。

达·芬奇的研究

　　15 世纪初，意大利文艺和科学大师达·芬奇设计了一种扑翼机。1742 年，62 岁的巴凯维尔用四个翼形机构绑缚在自己的四肢上，从巴黎旅馆屋顶上奋身一跃，企图飞越塞纳河。但他飞了一半便坠河撞在船上，摔断了腿。

第一次成功的飞行

　　1783 年 11 月 21 日，法国人罗齐埃和达尔朗德在巴黎米也特堡，乘坐蒙特哥菲新制的热气球试飞。这个气球高 20 多米，直径约 15 米。它上升到 1 000 米高度，在巴黎上空飘行 25 分钟，最后平安降落在距起飞地约 9 000 米之处。这是人类第一次成功的升空航行。

8

人类第一次乘坐氢气球的飞行。

航空的梦想从这里起步

1783 年 8 月 26 日，第一只氢气球升上了天空。这是法国物理学家查尔斯制作的。它的直径为 4 米，是用丝绸和橡胶制成的。1783 年 12 月 1 日，查尔斯乘坐一个直径 8.6 米的氢气球，从巴黎起飞，在 2 小时内飞行了 45 千米，实现了氢气球首次载人飞行。

飞艇

气球飞到高空时，就会出现缺氧问题，所以人们发明了飞艇。密闭式的座舱不仅可以容纳更多人，而且避免了缺氧问题。齐柏林飞艇甚至在战场上充当过轰炸机。

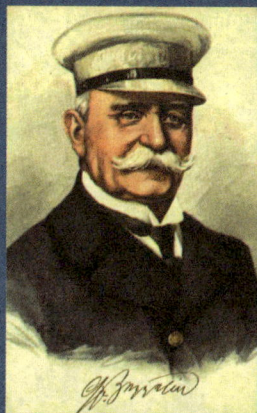

齐柏林飞艇

滑翔机

1801 年，英国的乔治·凯利爵士根据风筝和鸟发明了滑翔机，但是试验失败了。1877 年，德国的李林塔尔制成了他的第一架滑翔机，一架有着像鸟一样略略拱起的机翼，并能够证明这种机翼比扁平的机翼性能更加优越。

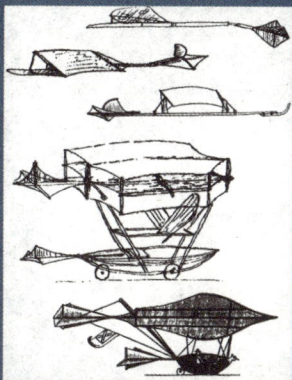

乔治·凯利的设计草图

乔治·凯利（1773～1857）是英国航空界的先驱，世界上第一个载人滑翔机的制造者。

为飞出地球努力

当人类开始滑翔的时候，他们就明白有了动力他们可以飞得更远。莱特兄弟将这个梦想实现了，他们的"飞行者"1号成为了第一架载人动力飞机，尽管飞行员趴着驾驶的姿势不是很美观。这些努力最终帮助人类实现了翱翔天际的梦想。

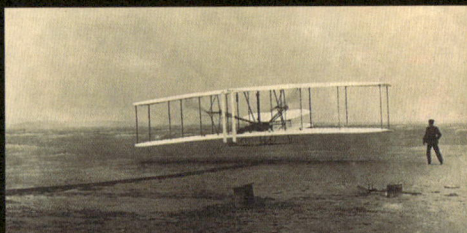

奥维尔·莱特驾驶"飞行者"1号第一次飞行。

10

世界上第一架喷气式飞机——He-178。

喷气式飞机

喷气式发动机提供了更强劲的动力，甚至超越音速。世界上第一架喷气式战斗机是由德国科学家冯·奥亨于1939年首先研制出的 He-178 型飞机。

喷气式发动机示意图

和声音比赛

1947年10月14日在美国加利福尼亚州的桑格菲尔地区，贝尔公司试飞能冲破音障的飞机。这架火箭飞机成功地进行了世界上第一次超音速飞行。这是人类航空史上的一大进步。

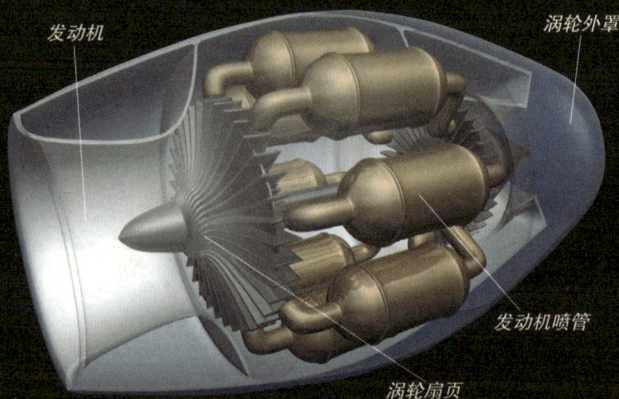

发动机

涡轮外罩

发动机喷管

涡轮扇页

牛顿的万有引力定律

一个苹果的落地，使牛顿认识到了"苹果落地的重力和支配行星运动的力是一样的"。人类明白了一个道理，飞行器要飞出地球就要克服地球的重力。

万有引力定律的发现，解释了行星围绕太阳运转的原因。

牛顿对航天的贡献

牛顿除了发现了万有引力定律外，还创立了牛顿三大定律。其中讲到作用力和反作用力关系，两个物体间的作用力总是大小相等，方向相反，作用在同一直线上。火箭与地心引力就是相反的作用力。

火箭的出现

摆脱引力最好的方式就是给地心引力一个相反的力。火箭的尾部推进器，垂直于地面喷射高速炙热气体，利用反作用力将自己推向天空。

航天先驱

在航天领域，有着很多把毕生奉献给航天事业的航天先驱，他们是航天事业的领航员，他们是真正的英雄。

埃斯诺·贝尔特利

法国的埃斯诺·贝尔特利在 1912 年的演讲中提出了第一宇宙速度。他的演讲定性地描述了火箭的工作和飞行原理，推导出了火箭在真空中运动的方程，求出了火箭的逃逸速度为 11.28 千米/秒。

1926 年 3 月 16 日，在马萨诸塞州的奥本，冰雪覆盖的草原上，戈达德发射了人类历史上第一枚液体火箭。

现代火箭之父

戈达德在 1909 年，开始进行火箭动力学研究，三年后正式证明了火箭可以在真空中运行。他第一个制造出了齐奥尔科夫斯基设想的液体火箭，因此被誉为"现代火箭技术之父"。

齐奥尔科夫斯基

齐奥尔科夫斯基(1857-1935)在他的论文《用火箭推进器探索宇宙》中提出了著名的火箭公式，被誉为宇宙航行第一公式。

齐奥尔科夫斯基关于宇宙航行的思想有一段十分精辟的名言："地球是人类的摇篮，但是人不能永远生活在摇篮里。"

导弹之父

曾给英国带来巨大灾难的武器是德国的V2火箭，就是冯·布劳恩主持研究的。后来被用在了宇航技术上，对现代大型火箭的发展起了承上启下的作用，成为航天发展史上一个重要的里程碑。

火箭就像古罗马的守门神一样具有两副截然不同的面孔，即火箭既可以用于和平的空间探索，也可用于毁灭人类的战争。

——冯·布劳恩

美国火箭之父

1926年，当戈达德的液体火箭升空，便开启了他研发火箭的生涯。1944年6月，他从获得的V2火箭残骸中发现德国人的火箭竟然与他研制的火箭一模一样。

火箭历史

从火药发明到火器出现，从导弹呼啸到火箭升空。火箭的发展经历了数百年的历史，它从一个杀人武器到造福人类的太空推进器的进化是怎样的？

火箭的动力

最初，火箭的动力来自于火药，早期黑火药是炼丹家无意中发现的。黑火药在密闭容器里可以瞬间产生强大的爆发力，这就成为了火箭的推力源。

神火飞鸦

火箭的故乡

中国是火箭的故乡，中国古代的火箭依靠火药自身喷气向前推进。与现代火箭的推动原理相同。而中国史料记载的火箭距今已经有800多年的历史。

明朝士兵发射火箭。

神火飞鸦

神火飞鸦是明代史书上记载的一种军用火箭，它是用细竹或者芦苇编制成乌鸦状的。点火后能飞300多米，落地后会引燃爆炸，就像是今天的火箭弹一样。

明朝的火龙出水（模型）是世界上最早的二级火箭。

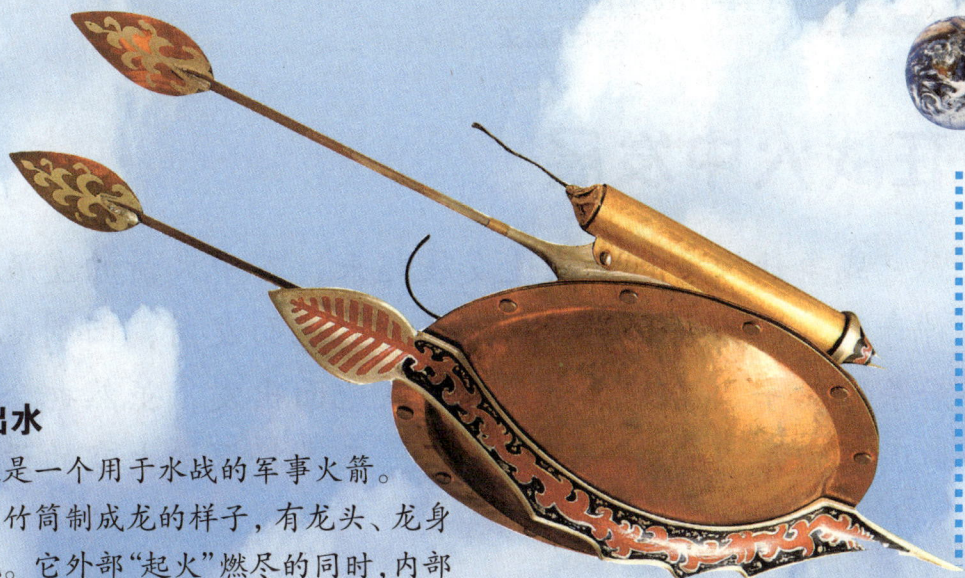

火龙出水

　　这是一个用于水战的军事火箭。它是用竹筒制成龙的样子，有龙头、龙身和龙尾。它外部"起火"燃尽的同时，内部火箭也被点燃继续飞行，这很类似我们今天的二级火箭。

火箭性能

　　作为军事用品，火箭的性能是非常重要的。要保证顺利发射，还要保证不会伤到自己，需要一系列的安全措施。直到今天我们的火箭发射都极为谨慎、细致。

　　1846年，英国发明家威廉·黑尔发明了无导杆火箭。从墨西哥战争起，美国人差不多用了100多年的"黑尔"火箭。直至第二次世界大战，火箭仍然在战场上起着巨大的作用。

"黑尔"火箭

　　1864年，英国发明家威廉·黑尔发明了无导杆火箭。从墨西哥战争起，美国人差不多用了100多年。直到第二次世界大战，火箭仍然在战场上起着巨大的作用。

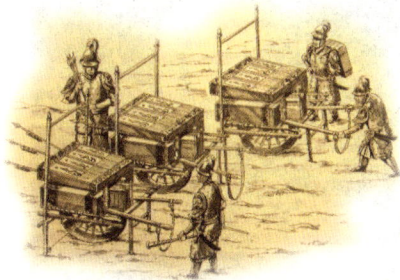

火箭车

在战火中发展

战争让很多科技快速发展起来，其中火箭的发展是最神奇的。因为火箭的最早形式是从地面发射，回到地面然后杀死对手。而现在的火箭是从地面出发，虽然也会回到地面，但是它的目标不是杀人，而是将探索太空的设备送入太空。

火箭的第一次亮相

公元 1128 年南宋政权建立后，南宋、金和蒙古频繁交战，各方都使用了火器。1161 年 11 月，金国侵略中原时，南宋军队第一次使用了火箭武器——"霹雳炮"重挫金军，这是人类历史上第一次在战场上使用火箭武器。

铁骑和火箭

蒙古铁骑从宋朝那里学会了火箭，打到欧洲的时候，欧洲人不仅见识到了骑兵的厉害，还见识到了火箭的厉害。从此欧洲人也学会了这种被他们看做是魔鬼之火的武器。

忽必烈

欧洲的火箭发展

蒙古铁骑走后，阿拉伯和欧洲开始对火箭的研究，到 1805 年，英国炮兵军官 W.康格里夫创制出脱胎于中国古代火箭的新式火箭，射程达到了 2.5 ～ 3 千米。

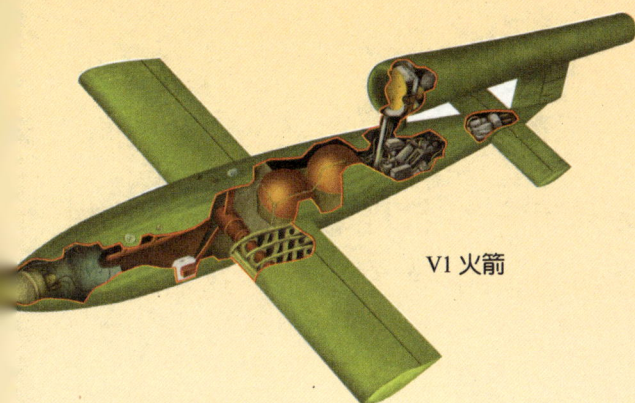

V1 火箭

从武器到航天器

在不同的人手中，同样的东西会有不同的效果。杀人利器 V1 和 V2 火箭在战争后被航天工作者所重视。利用它们强大的推进力，为日后航天火箭的发展提供了技术资源，开始造福人类。

1944 年，伦敦遭到了 V1 火箭的袭击。上图是一座被火箭炸毁的剧院。

布劳恩（1912 ~ 1977）在第二次世界大战中设计了 V2 火箭为宇宙探索作出了重大贡献。

战场凶器——火箭

外形像小飞机的德国 V-1 火箭，曾在第二次世界大战给盟军造成了极大损失。火箭成为了战场上恐怖的杀手。火箭也随着战火的蔓延发展开来。

V2 火箭发射升空

单级火箭

　　单极火箭，顾名思义是只有一级推进器的火箭。它们的一次燃烧就是它们最大的动力。导弹多数都是这样的。

火箭的工作原理

　　作用力和反作用力是火箭工作的基本原理。火箭尾部燃料燃烧喷出高温高热气体。利用反作用力，火箭离开地面飞向天空。

导弹与火箭的共性

　　战争中的火箭弹和导弹，给了火箭制造者启发。因为导弹和火箭弹都只有一个推进器，所以单级火箭就成为了最早的火箭形态。

速度的差距

　　早期计算表明，用液氧、煤油等作为推进剂的单级火箭是无法达到宇宙速度的。即使用液氢液氧作推进剂，喷气速度也只能达到 4.2 千米/秒，其单级火箭还是无法达到约 8 千米/秒的第一宇宙速度。

超越速度

　　火箭飞行如何能产生战胜地球引力的宇宙速度呢？火箭飞行速度决定于火箭发动机的喷气速度和火箭的质量比。发动机的喷气速度越高，火箭飞行的速度越高；火箭的质量比越大，火箭飞行能达到的速度越高。

单级入轨

　　目前的航天飞机还不是单级入轨的，但已有设想和筹划中的单级入轨航天飞机。它从地面水平起飞，除有火箭发动机的推力外，还可像飞机一样凭借巨大的翅膀产生空气动力上升。

　　由"麻雀"系列空对空导弹还派生了许多地对空和舰对空导弹，下图是"麻雀" AIM7R 型导弹。

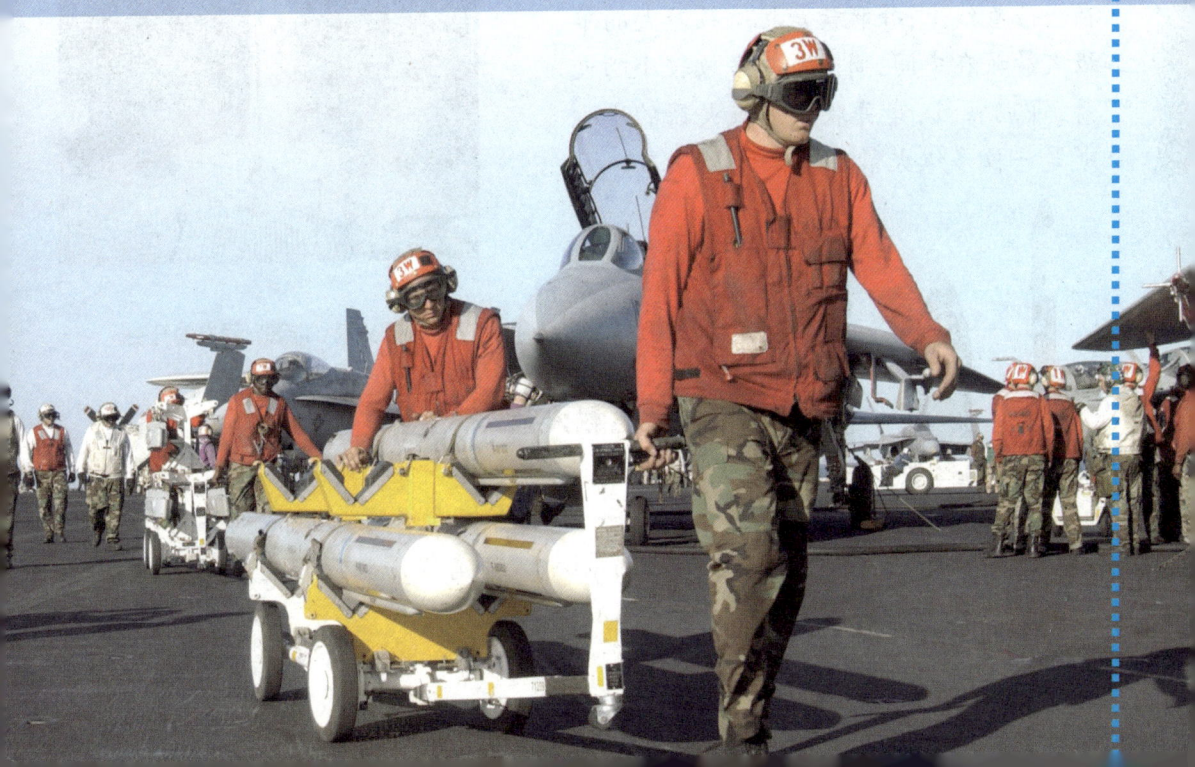

多级火箭

　　单级火箭无法逃逸宇宙第一速度，也就无法将卫星送到规定的空间轨道，这就需要在单级火箭燃烧完后有一个接替的火箭，因此，多级火箭诞生了。

多级火箭

　　多级火箭分为若干级，每一级里都有燃料，烧完一级扔一级，这样火箭越来越轻，速度也就越来越快了。第二次世界大战结束后，美国继承了德国的研究成果，于1949年研制了第一枚多级火箭。

20

多级火箭的分类

　　多级火箭一般分为并联、串联和串并联几种。串联就是把几枚单级火箭串联在一条直线上；并联就是把一枚较大的单级火箭放在中间，周围捆绑多枚较小的火箭，即助推级；串并联式多级火箭的中心也是一枚多级火箭。

多级火箭"能源"号发射升空。

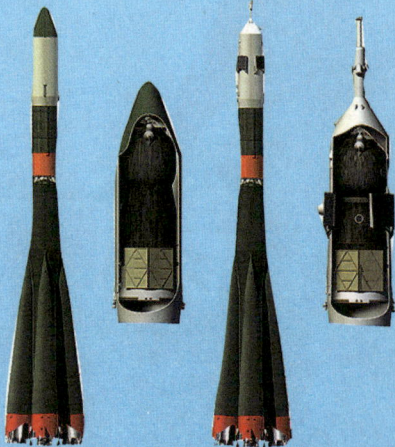

运载火箭

　　运载火箭多数为两级以上的多级火箭，每一级都有推进剂箱、火箭发动机和飞行控制系统，末级有仪器舱和有效载荷，级与级之间有级间段连接。

有限的级数

多级火箭的级数不是越多越好，因为对下面一级火箭来说，前面的各级火箭都是它的有效载荷。也就是说级数越多，最下面的一级和随后的几级就越庞大，最后无法起飞。

多级火箭的分离

多级火箭上安装有爆炸螺栓，分离时，爆炸螺栓或爆炸索爆炸，使连接解锁，然后由弹射装置或小火箭将两部分分开，有些是借助前一级火箭推力将自身弹射开。

拜科努尔发射场上的"联盟"号火箭。

捆绑式火箭

　　并联式组合方案，就是各子级火箭的轴线围绕基本级（又称芯级）的纵轴周围或对称配置，俗称"捆绑式"。它的火箭长度短并且稳定，但是发射和分离就比较复杂了。

串联式火箭的缺点

　　将火箭同轴固定，就会使火箭长度变大，特别是大型火箭的弯曲刚度差，火箭的运输、贮存和起竖等都不够方便。这个时候,捆绑式火箭的优势就比较明显了。

"阿丽亚娜"5号矗立在火箭发射架上，它是捆绑式火箭。

"长征"二号E

　　"长征"二号E是我国自主研制的一枚大型两级捆绑式运载火箭,在其一级外部捆绑有四个直径为2.25米,高为15米的助推器。承载能力达到了9.5吨。

液氢箱

燃料管道将液氧输往燃烧室与液氢反应。

火箭的结构示意图
起飞前,主发动机首先点火,当它工作正常时,固体助推器接着点火。

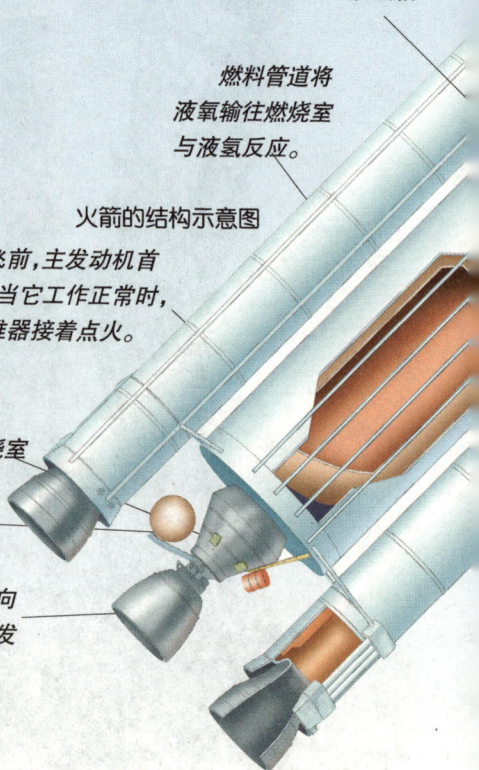

主发动机燃烧室

燃料箱用液氦加压。

用于火箭方向控制的旋转式主发动机喷口。

22

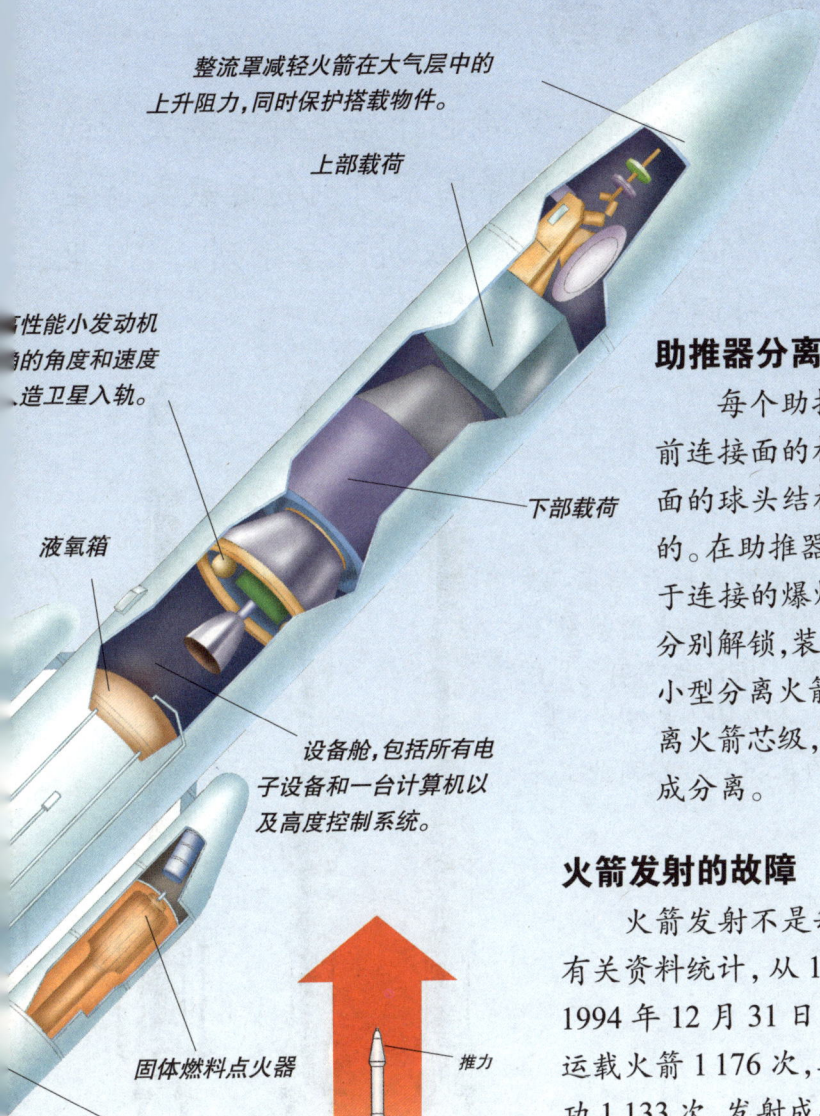

整流罩减轻火箭在大气层中的
上升阻力,同时保护搭载物件。

上部载荷

高性能小发动机
的角度和速度
造卫星入轨。

下部载荷

液氧箱

设备舱,包括所有电
子设备和一台计算机以
及高度控制系统。

固体燃料点火器

推力

固体燃料分三部分
保护外罩下。

重力

固体助推器工作时
130 秒。

助推器分离

　　每个助推器都是分别通过
前连接面的杆系结构和后连接
面的球头结构同火箭芯级相连
的。在助推器发动机关机后,用
于连接的爆炸螺栓和分离螺母
分别解锁,装在助推器上的固体
小型分离火箭点火,将助推器推
离火箭芯级,助推器自由下落完
成分离。

火箭发射的故障

　　火箭发射不是每次都成功的。据
有关资料统计,从 1984 年 1 月 1 日到
1994 年 12 月 31 日, 世界各国共发射
运载火箭 1 176 次,其中失败 43 次,成
功 1 133 次,发射成功率约为 96%。

故障的原因

　　在多数故障中,动力装置系统占
了首位;其次是控制系统;然后是结构
系统。造成运载火箭出现故障的原因
很多,从设计缺陷到操作失误,火箭的
故障都会造成很大损失。

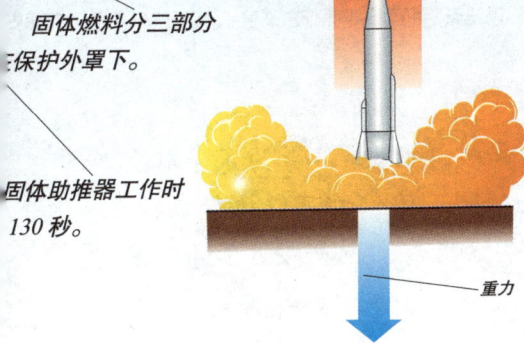

欧洲主要运载火箭

    自从 20 世纪 60 年代起，欧洲也开始进行运载火箭的研究。欧洲航天局和法国、英国等国家研制的运载火箭主要有"黑箭"号、"钻石"系列、"欧洲"号系列、"阿里安"号系列等十多种运载火箭。

"阿里安" 1 号

    "阿里安" 1 号火箭是欧洲航天局在"欧洲号"火箭和法国"钻石号"火箭基础上研制的三级液体火箭。1986 年 2 月 22 日首次发射。这枚火箭长 47.7 米，直径 3.8 米，发射重量 200 吨，大约承担着世界商业卫星 50% 的发射业务。

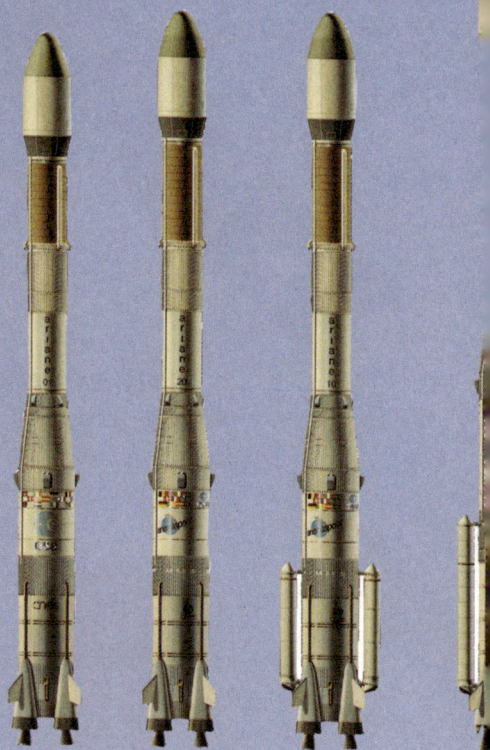

"阿里安" 1 号   "阿里安" 2 号   "阿里安" 3 号   "阿里

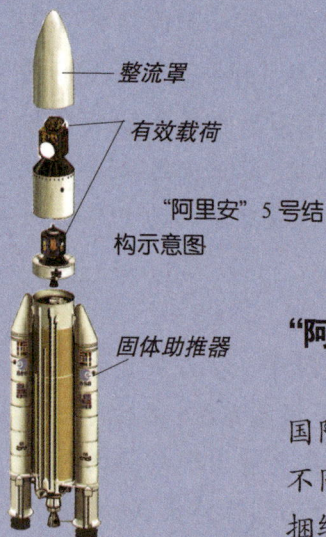

整流罩

有效载荷

"阿里安" 5 号结构示意图

固体助推器

"阿里安" 2 号

    "阿里安" 2 号和"阿里安" 3 号为了争取更多的国际卫星发射市场而研制。他们都可以执行多种任务，不同点在于"阿里安" 3 号在"阿里安" 2 号的基础上捆绑了两台固体推进器。

"阿里安" 4 号

"阿里安" 4 号研制的主要目的除了降低成本外，还在于提高运载能力、保持双星和多星发射能力，以及具有适应多种发射任务的型式。这枚火箭长 57 ~ 59.8 米，直径约 9 米。

2003 年 2 月 15 日，"阿里安" 4 号成功发射了 "国际通信卫星" 907 后退役。

"阿里安" 5 号直立在发射台上。

"阿里安" 5 号−ECA

"阿里安" 5 号−ECA 是加强型火箭，高度为 56 米，直径 5.4 米，起飞质量 780 吨，载荷质量可达 10 吨。改进后的 "阿里安" 5−ECA 型火箭的固体助推器采用更轻型的固体助推器外壳，主火箭采用新型 "火神 2" 低温发动机，这台发动机经过了一系列的改进，推力提高了 20%，同步转移轨道运载能力增加了 1.3 吨。

安" 5 号　　　　"阿里安" 5 号改进型

"阿里安" 5 号

"阿里安" 5 号主要用于向地球同步轨道和太阳同步轨道发射各种卫星，向近地轨道发射哥伦布无人驾驶的自由飞行平台和 "使神号" 空间飞机。火箭长 52.76 ~ 54 米，最大直径 12.2 米。

美国主要运载火箭

　　美国是世界上最早发展运载火箭的国家之一。从20世纪50年代起美国先后研制了"先锋"号、"丘诺"系列、"雷神"系列、"宇宙神"系列、"德尔塔"系列、"侦察兵"系列、"红石"系列、"土星"系列等几十种运载火箭。

"土星"5号火箭在美国肯尼迪发射中心发射升空的景象。

26

"土星"系列运载火箭

　　"土星"系列运载火箭是美国国家航空航天局专为"阿波罗"登月计划研制的大型液体运载火箭，先后研制的型号有"土星"I、"土星"IB、"土星"V三种型号。

　　"大力神"4系列火箭是"大力神"34D的改型，是美国空军预备在航天飞机不能满足军需时使用的火箭。主要用于发射太阳同步轨道大型军用卫星及其他军用卫星。

"德尔塔"系列运载火箭

"德尔塔"系列运载火箭是在"雷神"中程导弹基础上发展起来的航天运载器。它是世界上成员最多的运载火箭系列，改型也达到了40余次。其发射次数居美国其他各型火箭之首。同时，世界第一颗地球同步轨道卫星也是由它们中的成员发射升空的。火箭长28.06米，最大直径2.44米。

"大力神"系列火箭

美国"大力神"运载火箭系列是由"大力神"2洲际导弹发展而来，该系列由"大力神"2、"大力神"3、"大力神"34、"大力神"4和商用"大力神"3等型号组成。其地球同步转移轨道运载能力为5.3吨。

大力神

"德尔塔"2

宇宙神-半人马座

"宇宙神"火箭-半人马座

"宇宙神SLV-3C-半人马座D"火箭是"宇宙神"火箭系列中首次使用低温液氢液氧的火箭，它属于多级火箭。该火箭箭长38.35米，最大直径4.87米。"宇宙神"I是"宇宙神G-半人马座D-1A"的一个改进型，主要用于商业发射。箭长42~43.9米，起飞质量163.9吨。

火箭的燃料

　　火箭尾部的推进器是火箭的动力装置，是火箭燃料的储备箱。这里所储备的燃料提供给火箭起飞到进入轨道的动力，而燃料就分为固体燃料和液体燃料两种。

固体燃料

　　固体火箭推进器的燃料由包含氧化剂和燃料的小球组成，小球中还包含了仿制燃料在推进器内被分解的添加剂。推进剂的装填方式决定了燃料的能量释放方式。

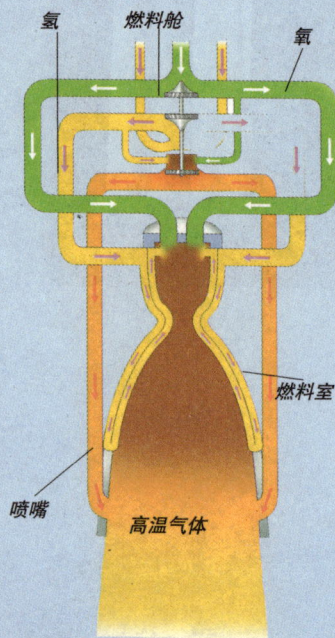

氢　　燃料舱　　氧

燃料室

喷嘴　　　高温气体

28

固体燃料的释放方式

　　如果推进器中的燃料填装使燃烧面以不变的速度燃烧(恒速燃烧)，推进器将产生平稳推力。如果推进剂填装得使燃烧面不断扩大(加速燃烧)，推进器将产生不断增强的推力。当燃烧面减小，那么就会出现减速燃烧。

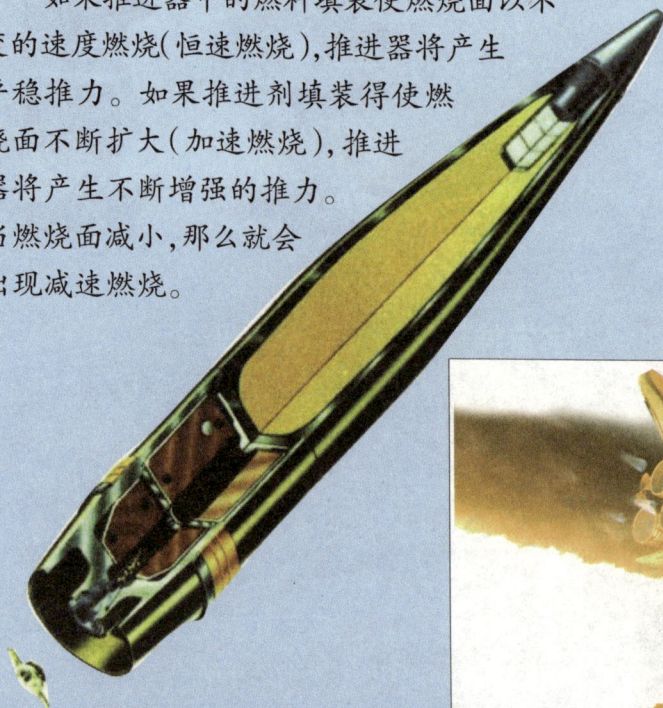

主发动机和固体火箭助推器在工作。主发动机喷出的是不明显的水蒸气。助推器喷出的是化学烟雾。

液体火箭燃料

液体火箭燃料主要是液氧和液氢。液氧的沸点是−183℃，可以冻碎金属和橡胶，而液氢的沸点是−253℃。虽然很难处理，但是它们是目前最理想的火箭燃料。

火箭的燃烧室

"阿里安" 5 号

燃料为什么能在真空中燃烧

真空中没有氧气，火焰燃烧又离不开氧气。但是火箭燃料依然可以在真空燃烧，是因为推进器里自带的燃料中含有液氧和液氢，它们燃烧后只会产生无污染的水蒸气。

火箭发动机

燃料的历史

中国人在公元 10 世纪用硝石、木炭和硫磺做的火药是最早的固体火箭燃料。1926 年，美国的罗伯特·戈登首次发射了液体火箭。目前，推进器的重量已经占航天飞机总重量的 90%以上。

火箭发射场

火箭发射场地本来是选用了导弹发射场，但是随着航天事业的发展，原来的导弹发射场不能满足发射需要了，所以就渐渐出现了专门的火箭发射场。

拜科努尔发射场位于莫斯科东南 2 100 千米的哈萨克斯坦境内的沙漠地带，始建于 1955 年，现由俄罗斯租用 50 年。由于它在前苏联境内属低纬度地区，所以有利于各种航天器发射入轨。

1979 年 12 月，"阿里安" 1 号运载火箭在圭亚那库鲁发射场准备发射时的情景。

发射场的选址

什么样的场地是最佳的呢？一般发射场会选择地势平坦、人烟稀少、水源充足而且气候适宜的地方。除了交通便利，场地的纬度越低越好。

最佳选择——赤道

发射场喜欢选择在靠近赤道的低纬度地区，因为航天发射场离赤道越近，运载火箭就越容易将有效载荷送入轨道。但是目前世界上只有两座航天发射场在赤道附近。

肯尼迪航天中心

位于美国佛罗里达州卡那维拉尔角的肯尼迪航天中心南北长 56 千米，东西宽 20 千米。美国第一架航天飞机和第一颗卫星都是从这里启程的。

肯尼迪航天中心

中国的酒泉卫星发射中心

酒泉卫星发射中心坐落于中国西北边陲戈壁沙漠腹地，是中国建立最早、试验最多的火箭发射场，被誉为中国航天第一城。

中国的太原卫星航天中心是太阳同步轨道和低轨道卫星发射场。

肯尼迪航天中心的火箭园

拜科努尔发射场

拜科努尔发射场位于莫斯科东南 2 100 千米的哈萨克斯坦的沙漠地带，始建于 1955 年，现在由俄罗斯租用。是世界著名的火箭发射场地之一。

美国的肯尼迪航天中心是美国最大的航天发射器发射场，主要用于发射小轨道倾角的航天器。肯尼迪航天中心有工作区、参观区，两者相距 10 多千米。

从地面到轨道

从倒计时开始，到火箭升空，最后分离，这个过程看似简单却是关乎成败的旅程，许多航天器都是失败在了这个阶段，而航天工作者最紧张的时刻也是这一刻。

进入轨道

火箭在达到最高速度后，开始依靠惯性和地球引力继续飞行。此时，第三级火箭开始点火加速飞行，直到达到预定速度，进入轨道，火箭的任务就基本完成了。

32

地面发射

在地面控制中心数到0的时候，第一级火箭发动机就开始点火。火箭的一级燃料箱开始燃烧，喷射出炽热的气体，火箭开始离开地面，加速升空。

"哥伦比亚"号航天飞机与火箭在技术房完成组装后，在运往发射区的途中。

空中分离

在大概 100 秒后，第一级火箭的燃料燃尽，在第一级准备脱离火箭的同时，第二级火箭点火，火箭继续升空。这时火箭所处的高度大概是 70 千米了。火箭已经冲出大气层，达到最高速度了。

由指挥中心向发射场、各测控站、远洋测量船队等统一发出口令：点火！

"哥伦比亚" 号在发射台调整好位置，等待发射。

倒计时的来历

"10、9……3、2、1，发射！" 这个出现在导演弗里兹的电影《月球少女》中的片段，被科学家发现。他们认为这种计时方法有一定科学道理，于是开始在世界各地的火箭发射中使用。

发射前的准备

组装中的火箭，由 800 吨以上的基座支撑。发射前一天，一辆卡车把火箭和基座沿铁轨拖到发射平台。卡车和基座加在一起有 1 500 吨重，相当于 1 500 辆轿车。

谨慎和紧迫

倒数计时的方法，使发射中心的航天工作者能够更谨慎地对待发射过程。简单明了，清楚准确地表现出了火箭发射的谨慎和紧迫性。目前，倒计时已经被世界各国所采用。

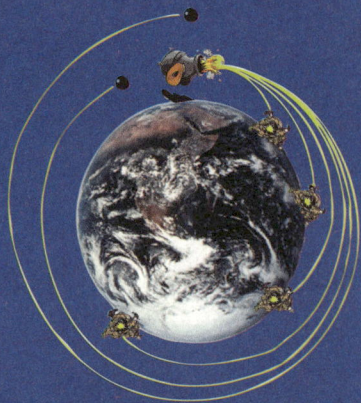

牛顿炮示意图

　　根据伽利略的抛物运动理论，牛顿设想：在地球上发射物体，只要初速度大到一定程度，那么被抛射出去的物体就可以不接触地球而在空中飞翔，能够在空中划出与地球同心的圆形或椭圆形的轨道。

34

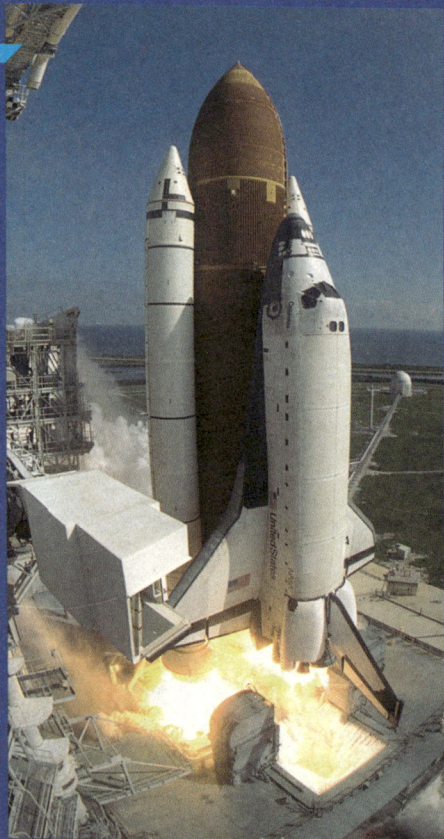

航天器

　　在夜空中可以看到一些卫星固定在天空的某一点，这就是地球同步卫星，因为它的旋转周期和方向与地球相同。所以，在地球上看来卫星似乎是静止不动的。空中还有很多我们没有看到的航天器，它们正日夜围绕着地球工作着。

牛顿的假设

　　牛顿曾经设想将一个石头向空中抛出，如果石头抛出的速度够快。那么石头就会在自身速度和地球引力的作用下绕着地球转，这个石头就是对地球同步卫星最早的假设。

航天飞机

　　在航天技术不断发展后，人类开始寻找一种能够搭载人类的航天运载工具。航天飞机应运而生，它是目前最先进的载人航天工具。

人造卫星的组成

人造卫星一般由专用系统和保障系统组成。专用系统是指与卫星所执行任务直接有关的系统。而保障系统是为了卫星正常工作而服务的，也叫服务系统，如果是返回卫星,还有着陆系统。

人造卫星

信号从北半球发送到人造卫星。

信号被人造卫星转送到南半球。

"斯普特尼克" 1 号

这是世界上第一颗人造卫星，主要由科罗廖夫领导的前苏联试验设计局完成。它每96分钟绕地球一周。这颗人造地球卫星在近地轨道上运行了92个昼夜，绕地球飞行 1 400 圈，总航程 6 000 万千米。

轨道空间站

人类是否可以在宇宙里生活？答案是——可以。因为我们有了轨道空间站，它就像一个大的宇宙旅馆,运行在固定的轨道上,宇航员可以在这里生活和进行科学研究。

欧洲 "哥伦布" 号实验舱模拟图, "空间站" 或 "轨道站" 又称 "航天站"。能在人造地球卫星轨道上长时间运行的大型载人宇宙飞行器。具有供宇航员长期生活和工作的设施和设备。

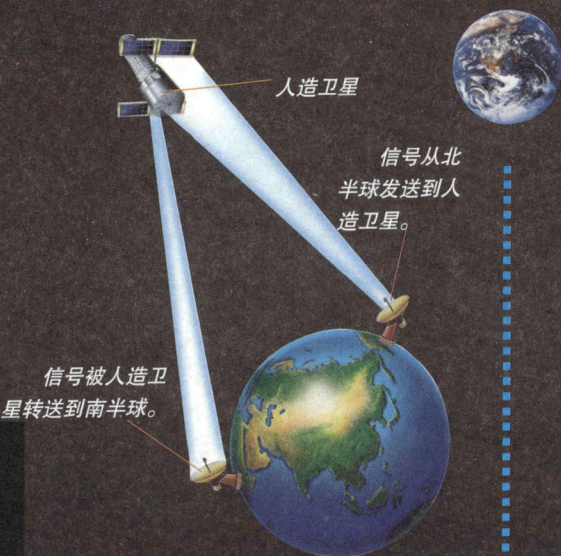

轨　道

　　轨道就是卫星的道路，从 1957 年起，已经有数千颗人造卫星进入了围绕地球运行的轨道中。不同的卫星使用不同的轨道，所以不会有多颗卫星走同一个轨道的可能。

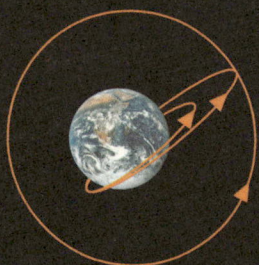

逆行轨道

赤道轨道有无数条，但其中的地球静止轨道具有特殊的重要地位。

地球静止轨道入轨示意图

轨道的分类

　　根据卫星的功能不同，它们的轨道也不同。通信卫星占用的是地球的同步轨道；而气象卫星占用着极地轨道；探测卫星使用近地轨道。但是不论什么轨道，稳定安全都是首要考虑的。

顺行轨道

　　它的特点是轨道倾角，也就是轨道平面和赤道平面夹角小于 90 度，而且绝大多数离地球较近，所以又叫做近地轨道。我国"长征"1 号、"风暴"1 号和"长征"2 号发射的都是顺行轨道。

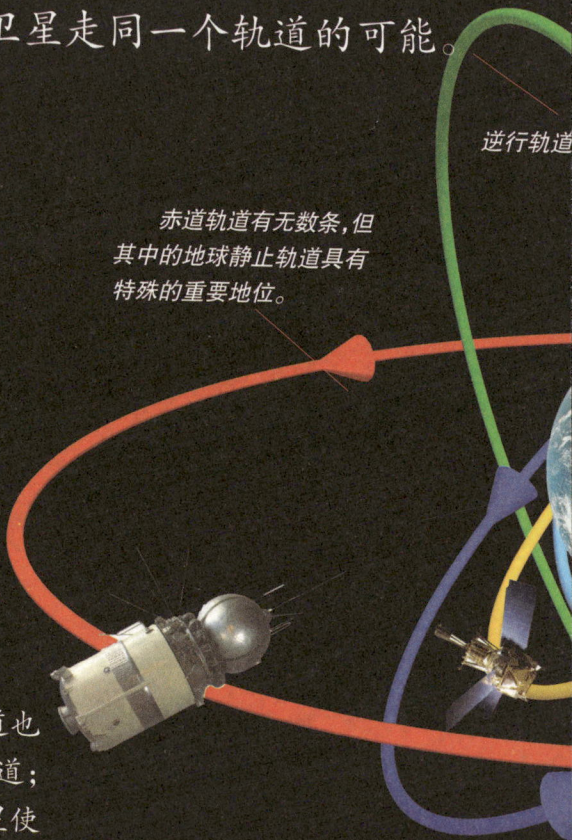

逆行轨道

　　逆行轨道是轨道倾角大于 90 度的，必须朝西南方向发射才可以将卫星送入轨道。因此，除了太阳同步轨道外，一般都不采用这个轨道。

赤道轨道

　　赤道轨道的特点是轨道倾角为 0 度，卫星在赤道上空运行。它的卫星轨道平面与地球赤道平面重合。

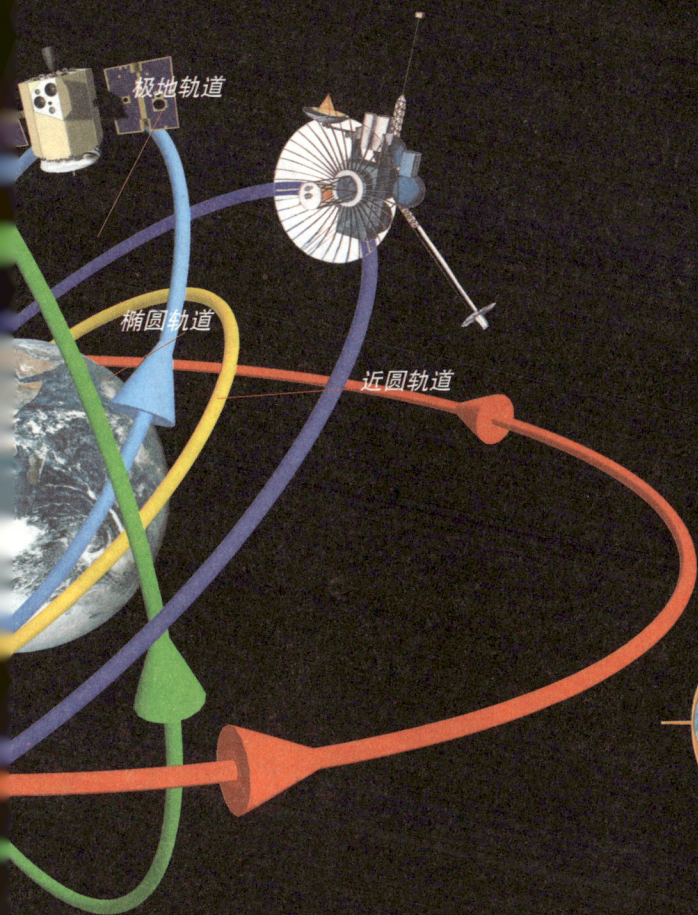

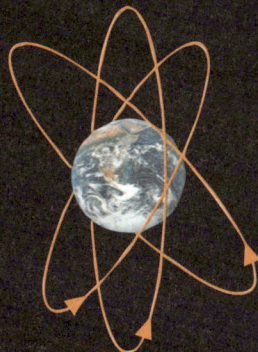

极地轨道

椭圆轨道

近圆轨道

极地轨道入轨示意图

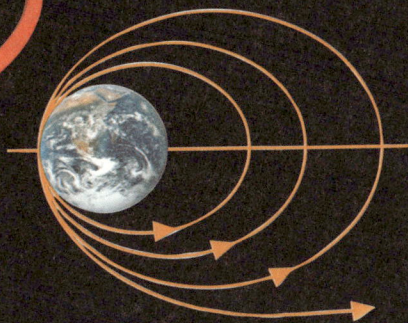

椭圆轨道入轨示意图

极地轨道

　　就卫星轨道类型来说，还有一种轨道倾角为 90 度的极地轨道。它是因轨道平面通过地球南北两极而得名。在这种轨道上运行的卫星可以飞经地球上任何地区的上空。

通信卫星

三颗卫星等距分布在地球同步轨道上,可以覆盖除两极地区以外的地球。

今天,人们越来越离不开通信,无论电话、电视广播还是国际互联网都可以通过卫星做中介。即使是在荒漠或者原始森林,有了卫星,你也不怕联系不到远在城市的朋友。

卫星通讯的优点

38

卫星通讯的特点是:不受地理条件限制;组网灵活、迅速;通讯容量大、费用省。卫星通讯采用数字方式,由于电话、图像、电视等形式信息都可以数字化,所以一颗数字卫星就可以完成很多工作。

天线盘面用来接收和发射信号。

天线用来接收和发送信号。

移动通信手机

有通信卫星的帮助,飞机和地面能够进行通话联系。

地面站

地面上用于接收卫星的信号和向卫星发射信号的设备与天线叫作地面站。地面站形式不一，有些大到装满一间房屋，有些小到可以安装在飞机和船只上。

转发器

转发器就是通讯卫星的心脏，它们由一系列的电子元件组成。转发器首先把无线电信号进行处理，消除可能在大气传播中出现的畸变，然后把信号调到发回地球需要的频率。

第一颗通讯卫星

世界上第一颗通讯卫星是美国于 1965 年 4 月发射的"晨鸟"，同年 6 月正式应用于北美与欧洲间的国际商用通讯。

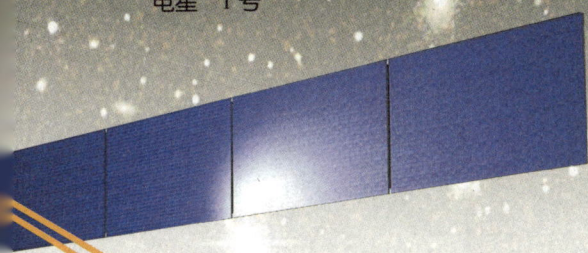

"电星" 1 号

通信下行线路

通信上行线路

卫星使船只在航行中和陆地保持通信联络。

侦查卫星

目前，商业上开始使用的全球定位系统（GPS）最早是为军事应用而开发的。海湾战争时，GPS帮助多国部队在茫茫沙漠中寻找到了正确的穿越路线，这都是侦察卫星的功劳。

卫星与国防

美国从20世纪70年代开始实行防卫支持计划，发射的每颗卫星都能够监测地球表面相当大的一部分。它们携带的探测器能够侦察到敌方导弹的发射，并在发射前把警报发回监控站。

2001年9月12日，IKONOS卫星拍摄的美国纽约市的世贸大厦正在冒出浓浓烟雾。

照相侦察卫星

这种卫星上装有光学成像的空间遥感设备，可以进行侦察，获取军事情报。常用的遥感设备有可见光照相机、摄像机、红外照相机、多光谱照相机和微波遥感设备等。

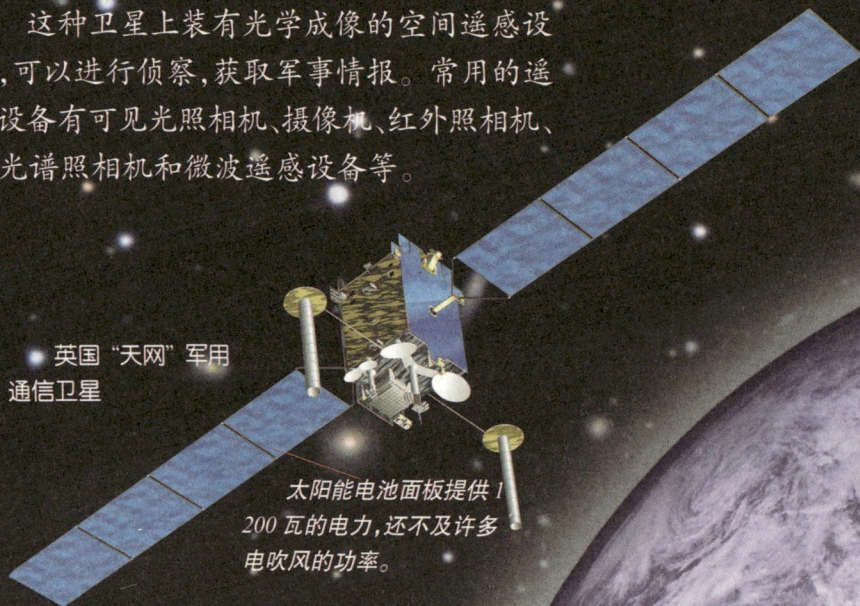

英国"天网"军用通信卫星

太阳能电池面板提供1 200瓦的电力，还不及许多电吹风的功率。

40

世界上第一颗军事通讯卫星

1958 年，美国发射了世界上第一颗实验型通信卫星"斯科尔"号，揭开了人类利用卫星进行军事通信的历史。

"锁眼" 12 侦察卫星是美国目前使用照相侦察卫星中性能最好的，它在几百千米高度拍摄的照片分辨率接近 10 厘米。

高分辨率望远镜

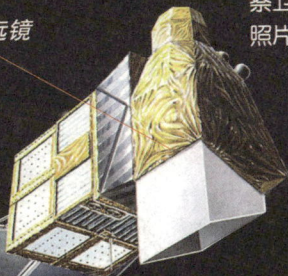

法国"太阳神" 1 号照相侦察卫星能够辨认出地球表面自行车大小的物体。

电子侦察卫星

电子侦察卫星能够用于侦察雷达和其他无线电设备的位置与特性，截收对方遥测和通信等机密信息。1962 年 5 月发射的"搜索者"号是世界上最早的侦察卫星。

海洋监视卫星

海洋监视卫星是应用于海上的侦察卫星，它的任务是监视海上的船只、潜艇活动，侦察舰艇雷达信号和无线电通信。

气象卫星

古人看人识别天气，而现在我们已经有了可以在太空中观测天气的眼睛。这就是气象卫星，它是对地球及其大气层进行气象观测的人造地球卫星。

气象卫星的轨道

气象卫星的轨道大致有两种，一种是太阳同步轨道，一种是地球静止轨道。太阳同步轨道覆盖面大，但是局部预报不好；地球静止轨道对局部预报准确但是覆盖面不够，当它们搭配使用就可以实现优势互补了。

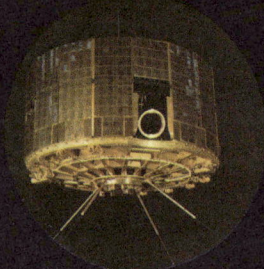

"艾萨"气象卫星

第一颗气象卫星

世界上第一颗气象卫星叫"泰罗斯"，是美国1960年4月1日发射的。截止到1990年底，在30年的时间内，全世界共发射了116颗气象卫星，形成了一个气象卫星网。

气象卫星所拍摄的照片可以显示云层.监测飓风的生成过程和它在海洋上空的运动过程.使气象预报工作更为精确。

"泰罗斯"在组装中。

"艾萨"号

继"泰罗斯"之后，美国又研制了"艾萨"号。这是美国第一代太阳同步轨道气象卫星，1966～1969年共发射了9颗。

美国气象卫星拍摄到的卡特丽娜飓风来临时海水涌动的照片。

"风云"1号

"风云"1号

从1988年9月7日开始，中国总共发射了4颗"风云"1号气象卫星。其中，"风云"1号A和"风云"1号B是试验型的气象卫星，它们准确进入了太阳同步轨道，并且发回了高质量的气象信息。

气象卫星的用途

据不完全统计，如果对自然灾害能有3～5天的预报，就可以减少农业方面的30%～50%的损失，仅农、牧、渔业就可年获益1.7亿美元。

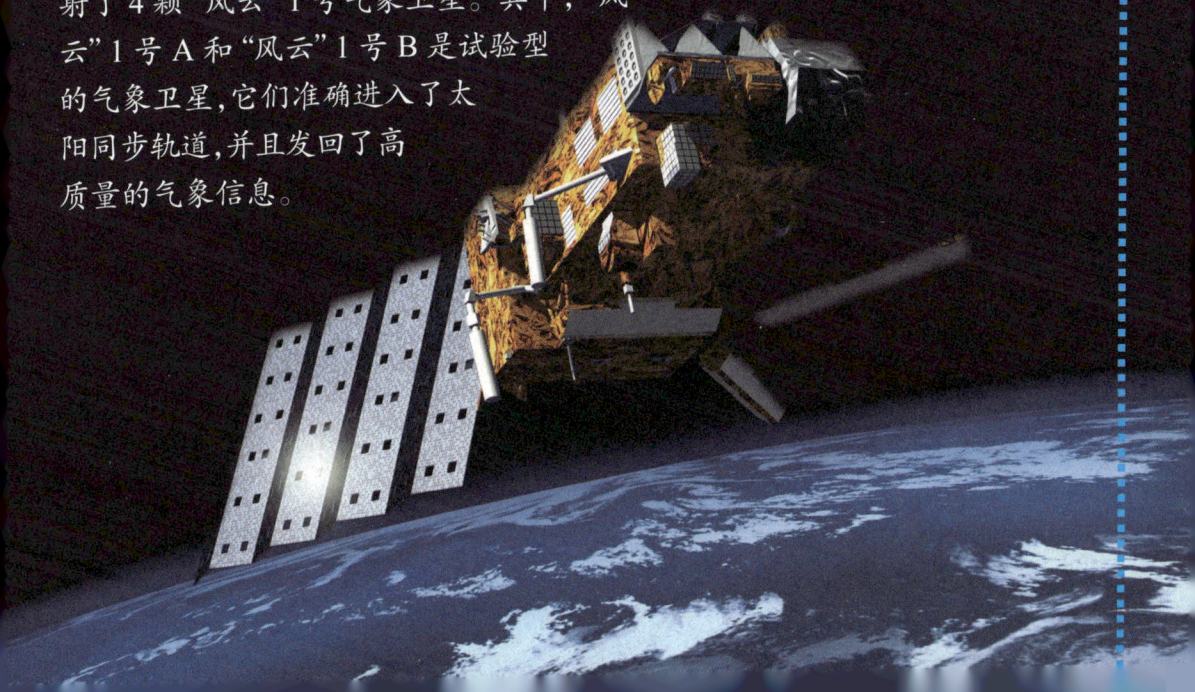

地球资源卫星

其实我们最熟悉的往往是我们最需要了解的，地球就是这样。地球上蕴藏着丰富的矿产资源，尤其是在浩瀚的海洋里，人类无法察看的地方，卫星都可以替我们去发现。

卫星拍摄到的维苏威火山口的照片。

地球资源卫星

地球资源卫星是专门用于勘测和研究地球资源的人造卫星。它具有专门的宽频带、高速率数据传输和数据存贮设备，每隔18天就会向地面送回一套全球的图像数据。

世界第一颗地球资源卫星——"陆地卫星"1号。

陆地卫星

世界第一颗地球资源卫星"陆地卫星"1号是美国在1972年7月23日发射的。陆地资源卫星传回的图像给地质学带来了根本性的影响，其中的许多信息，除使用卫星遥感外，还没有任何方法可以获得，如大陆漂移。

44

"资源"1号

1999 年 10 月 14 日发射的中国和巴西合作的"资源"1号,开创了我国航天遥感新的里程碑。

"斯波特"号

1986 年法国发射的"斯波特"号地球资源卫星,它的分辨率为 10 米,优于当时美国的陆地卫星。卫星上装有两台高分辨率摄像机,工作在可见光和近红外波段,主要任务就是调查矿藏资源、植物资源和作物产量等地球自然资源。

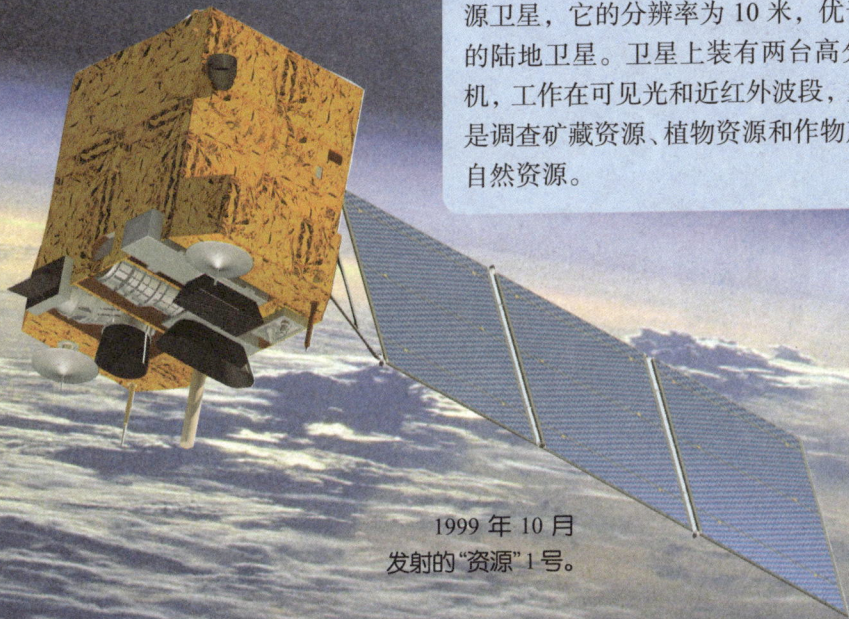

1999 年 10 月
发射的"资源"1号。

"海洋卫星"1号

1978 年 6 月,美国发射了世界上第一颗海洋资源卫星,名叫"海洋卫星"1号。它可在各种天气里观察海水特征,测绘航线,寻找鱼群,测量海浪、海风等。

卫星拍摄到的乍得湖面积逐渐缩小的照片。

预警卫星

在预警卫星出现之前，人们靠雷达实现对对方导弹的预警，但是直线传播的雷达信号受地球曲率影响预警效果不好。

而有了预警卫星，捕获地面目标的能力更强了。

美国国防支援计划预警卫星主要职责是监视导弹发射，并预报导弹落点。

红外探测器监测导弹发射时排出燃气的高温。

"国际支援计划"号

这个预警卫星是美国于 1970 年 11 月发射的，它的主要预警对象是洲际导弹的入侵，但是对于短程导弹效果不怎么理想。

第一颗预警卫星

1960 年，美国发射了"发现者"19 号和 21 号卫星，用于进行有关预警卫星的试验。1961 年 7 月 12 日，美国成功发射"米达斯"3 号卫星，这是世界上第一颗真正意义上的预警卫星。

1961 年 7 月 12 日，美国成功发射"米达斯"3 号卫星。

46

天基红外系统克服位于地球静止轨道的国防支援计划卫星的不足，它采用 3 种轨道高度的卫星星座，预警能力大为提高。

"天基红外" 系统卫星

美国政府为了弥补"国际支援"号的不足，于 20 世纪 90 年代末开始用天基红外卫星来替代"国际支援计划"卫星。它可以用于探测全世界的导弹发射，还可以跟踪和指引反导弹武器摧毁飞行中的导弹。

预警卫星的弱点

预警卫星没有自卫装置，容易受到反卫星武器的攻击，其地面站是大型固定场区，也很易受攻击。另外红外扫描只能粗略识别红外源的移动，就是说只能探测导弹上升段，而不能探测熄火后中段飞行的导弹，因此有很大的局限性。

导弹发射或飞行时，发动机的高温火焰辐射出强烈的红外线，预警卫星的红外线敏感器会捕获并跟踪这种红外线，从而预先知道导弹落点，为防御导弹进攻而争取时间。

导弹预警卫星

导弹预警卫星一般由多颗卫星组成预警网，昼夜监视地面。当被监视地区的地面或水下发射导弹时，数 10 秒内预警卫星就会发出预警信号，提醒防御体系进行防御。

太阳探测器

　　每天清晨，太阳都会从东方升起。它总是带给我们光明和温暖，当人们开始更加了解它以后发现其实太阳也会带给人们一些小麻烦。为了搞清楚这些小麻烦是如何产生的，同时也为了更好地利用太阳赐予人类的能量，我们派出了太阳探测器。

"尤利西斯"号

太阳

"罗塞塔"彗星探测器在彗核上着陆后，钻取 20 厘米深的洞，并提取彗核表层下物质，将照片和数据传回地球。

"太阳峰年"号探测器

　　在太阳活动高峰年的 1980 年 2 月 4 日，美国发射了"太阳峰年"号探测器。在长达 9 年的探测中，"太阳峰年"号探测器测出了太阳常数，观测到 10 颗彗星掠过太阳，1 颗彗星和太阳相撞以及 100 次太阳耀斑的爆发等。

彗星探测器

　　"罗塞塔"号是一架彗星探测器，它由欧洲研制，在 2004 年 3 月升空。它的探测目标是丘留莫夫－格拉西缅科彗星。它们将在 2014 年相遇，并于 2015 年结束任务。

"尤利西斯"号太阳探测器

1990年10月6日,美国"发现"号航天飞机将"尤利西斯"号太阳探测器送入太空。它的任务是探测太阳两极及其巨大的磁场、宇宙射线、宇宙尘埃、γ射线、X射线、太阳风等。

"太阳"峰年号探测器

太阳的南极探测

"尤利西斯"号于1994年8月飞抵太阳南极区域,开始环绕太阳运转。它在呈圆形轨道上横跨太阳赤道后到达太阳北极,离太阳最远时为8亿千米,最近时为1.93亿千米。它在绕太阳飞行时,能够对太阳表面一览无余,全方位地观测太阳表面。

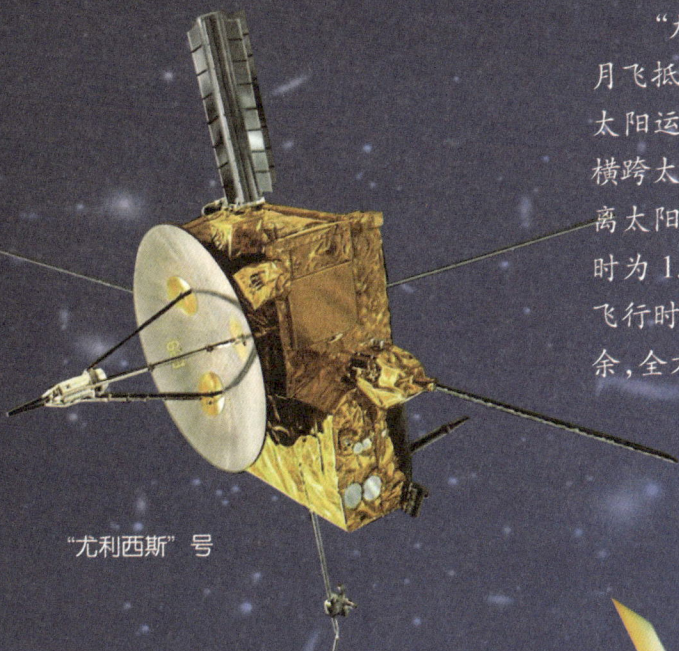

49

"尤利西斯"号

"太阳和日球观测台"

美国和欧洲合作研制的"太阳和日球观测台"太阳探测器在1995年12月2日升空,运行了8年多。在这期间,探测器多次死里逃生,同时也经历了太阳风暴的巨大考验,它提供的太阳测试数据,在预防和降低太阳风暴危害的工作中作出了巨大的贡献。

"太阳和日球观测台"太阳探测器

水星和金星探测器

　　水星和金星是星空中两颗明亮的星体，也是唯一的位于太阳和地球之间的两颗星体，探索水星和金星自然成为人类走向太阳系的必经之路。

"信使"号水星探测器

　　由于水星和地球相距有一段距离，所以"信使"号不可能一下就到达水星。它在去往水星的途中，将先绕地球、金星和水星飞行7年，然后才进入水星轨道，正式开始对水星的探测。它携带了包括摄像机、检测化学物质的质谱仪、了解磁场的磁力计等7种科学仪器。

50

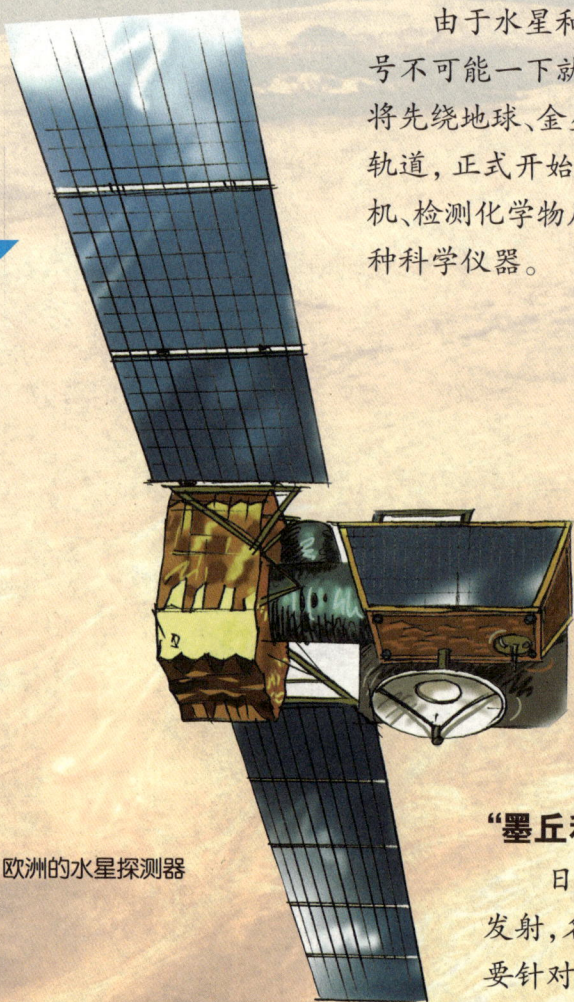

欧洲的水星探测器

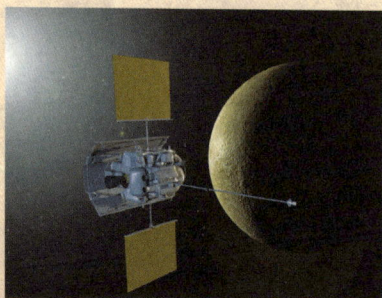

"信使"号水星探测器

"墨丘利"行星探测卫星

　　日本的水星探测器将会在2013年8月发射，名字为"墨丘利"行星探测卫星，它主要针对水星磁场展开研究。

金星上最大的火山之一

"麦哲伦"号太空探测器拍摄的雷达照片经电脑生成后的景象。

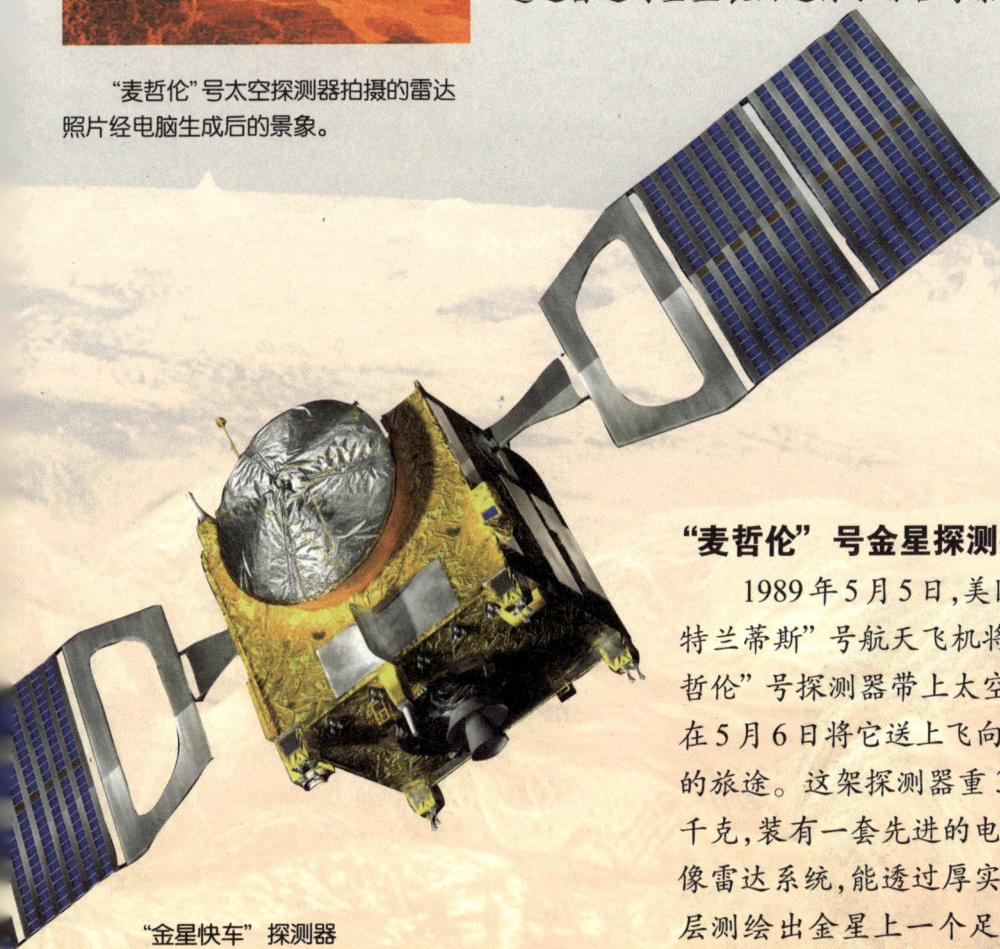

"金星"号系列的成果

"金星"9号和10号在金星表面各拍摄了一张金星全景照片。"金星"13号和14号拍回的四张金星表面照片是彩色的,人类由此得知金星表面覆盖着褐色的砂土,岩石结构像光滑的层状板块。"金星"15号和16号通过雷达对金星表面进行了综合考察。

"麦哲伦"号金星探测器

1989年5月5日,美国"亚特兰蒂斯"号航天飞机将"麦哲伦"号探测器带上太空,并在5月6日将它送上飞向金星的旅途。这架探测器重3 365千克,装有一套先进的电视摄像雷达系统,能透过厚实的云层测绘出金星上一个足球场大小的物体图像。

"金星快车"探测器

"金星快车"

欧洲派出的第一个金星探测器就是"金星快车"探测器,它是在"火星快车"和"罗赛塔"探测器的基础上研制出来的。欧洲耗费了3亿欧元,它运用上面的7种仪器,测量金星大气、离子环境及其与太阳风的相互作用等。

火星探测器

　　火星表面上布满了遭陨石撞击留下的"伤疤",纵横交错的干涸的河床是火星特有的地貌。人类一直怀疑存在火星生命,难道真的有火星人吗?为了揭开这个秘密,人类开始派出了大量的火星探测器,期待它们可以告诉我们答案。

生命的探索

　　"海盗"1号和2号分别于1976年7月20日和9月3日在火星表面软着陆成功,它们分别在火星上工作了6年和3年,共发回5万多幅清晰的火星照片。经过4次探测,它们推翻了存在火星人的推测。

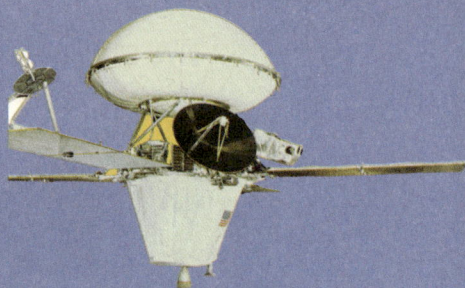

52

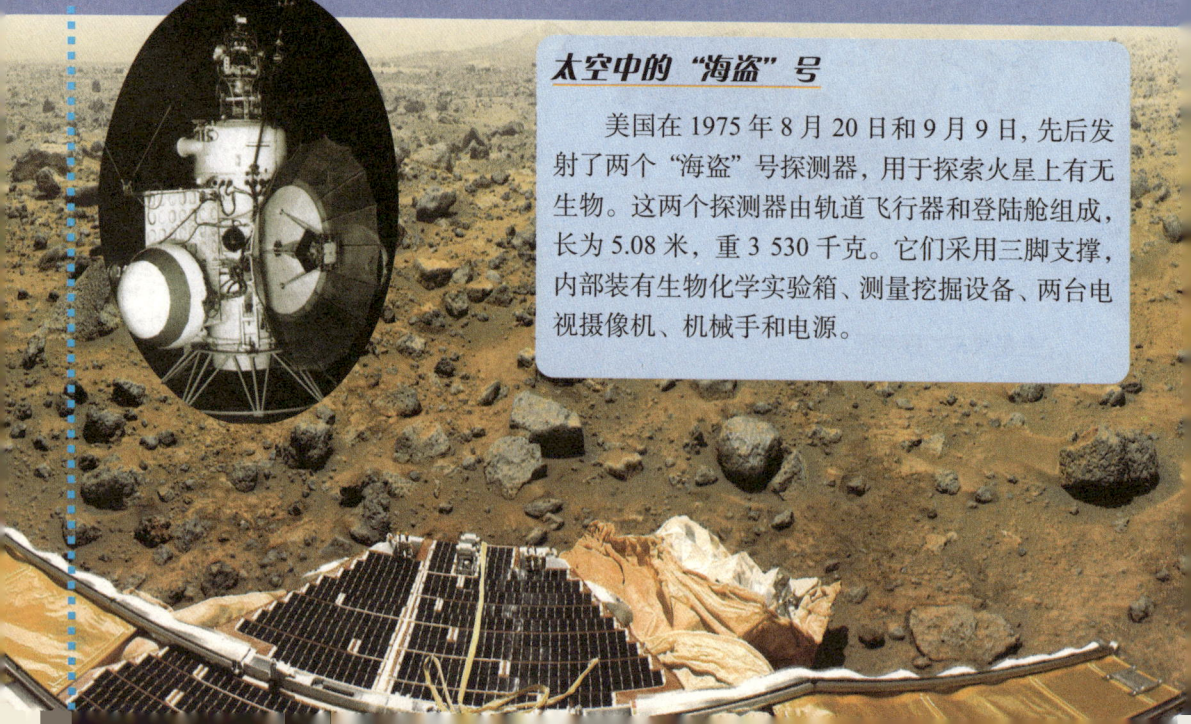

太空中的"海盗"号

　　美国在1975年8月20日和9月9日,先后发射了两个"海盗"号探测器,用于探索火星上有无生物。这两个探测器由轨道飞行器和登陆舱组成,长为5.08米,重3 530千克。它们采用三脚支撑,内部装有生物化学实验箱、测量挖掘设备、两台电视摄像机、机械手和电源。

为移居火星而进行的探测

1992 年 9 月 25 日，"火星观察者"号探测器发射成功。它的任务是绘制整个火星表面图，预告火星气候，测量火星各种数据，进一步揭示火星上有无处于原始阶段的生命现象，为未来人类移居火星探寻道路。

"海盗"号拍摄的第一张火星照片。

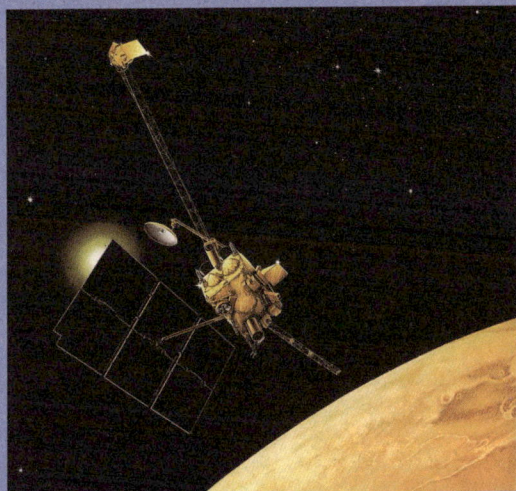

"火星观察者"号探测器

"火星拓荒者"号

1997 年 7 月 4 日，美国的"火星拓荒者"号太空船降落在了火星表面。它的任务就是搜集火星表面的数据，拍摄火星照片并且将其传回地球。"火星拓荒者"的成功登陆，也为日后登陆太空船和探测车的设计作出了重要贡献。

命运坎坷的探测器

1962 年 11 月 1 日发射的"火星"1 号在距地球 1 亿多千米的地方通信中断，考察失败；1971 年 5 月 19 日发射的"火星"2 号探测器，着陆舱在火星上着陆，但却失去联系；"火星"3 号探测器虽然到达火星，但未完成预定的探测计划；"火星"4 号未能进入火星轨道；"火星"5 号虽然入轨，但工作时间很短；"火星"6 号着陆失败，飘入苍茫天宇，不知去向。

火星车

火星风暴过后，一辆小车从岩石后面驶出。用它的手臂敲击岩石，进行钻探观察。用照相机对火星大地拍摄，搜寻科学家所期待的东西，这辆小车就是火星的漫游者——火星车。

火星登陆先驱——旅居者

"火星探路者"号着陆成功后，"旅居者"号火星车就缓缓驶离飞船，开始了自己的工作。在探测区，它对一个488平方米的小岛进行了详尽的观察，这个小岛是由古代洪水冲刷形成的。

火星车的命名

2002年11月4日，美国航空航天局举行了万人参加的"为火星漫游车命名"的竞赛。美国亚利桑那州的9岁女孩菲·科利斯最终脱颖而出，成为优胜者。两车分别命名为"勇气"号和"机遇"号。

"勇气"号

　　"勇气"号火星车长1.6米、宽2.3米、高1.5米,重174千克。它的"大脑"是一台每秒能执行约2000万条指令的计算机,不过与人类大脑位置不同,计算机在火星车身体内部。

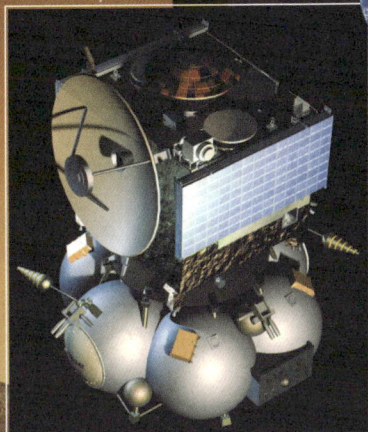

"火星快车"号探测器

"勇气"号的贡献

　　"勇气"号第一次找到火星上曾有水存在的证据。它对一块名为"哈姆佛雷"的岩石进行钻孔。科学家在分析矿物质成分后认为,该岩石在形成过程中或刚刚形成之初曾有水渗入,矿物质随水分进入岩石,形成结晶并留在岩石内部。

下一代火星车

　　美国宇航局计划2009年将向火星发送下一个火星车(MSL),这将是研究火星表面最大和装备有最先进仪器的火星车。MSL将从核反应器获取动力,而它的任务将是查明火星环境存在微生物生命的可能性。

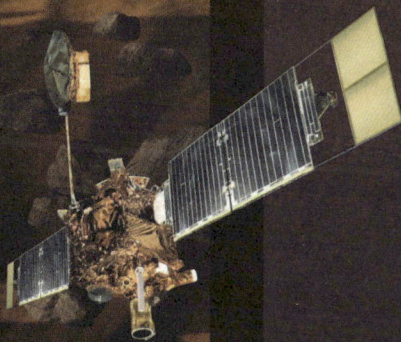

"火星全球勘测者"号探测器

木星探测器

木星是太阳系八大行星之一，只是一颗平凡的行星。但是，木星的卫星却让科学家兴趣盎然，因为他们认为那里也许存在着太阳系的另一批居民——微生物。

56

"先驱者" 10 号探测器

"先驱者"10 号探测器重约 260 千克，为六棱柱体，高 2.4 米，最大直径 2.7 米。经过 1 年零 9 个月的跋涉，穿过危险的小行星带，越过木星周围的强辐射区，在距木星 13 万千米的地方穿过木星云层，拍摄了第一张木星照片。

"旅行者" 1 号

1979 年 3 月 5 日，"旅行者"1 号在距木星 27.5 万千米处与木星会合，拍摄了木星及其 5 颗卫星的几千张彩照并传回地球。

"旅行者"1 号探测器发射成功。

"伽利略"号探测器

"伽利略"号探测器重 2 550 千克，装有两台钚-238 为燃料的发动机和最先进的科学观测仪器。它的主要考察目标是木星及其 16 颗卫星，包括施放一个探测装置直接进入木星大气层考察。

"伽利略"号探测器

惊人的发现

"伽利略"号根据木卫二地表冰层裂缝位置的变化，推测出木卫二地表下可能存在能供生命延续的水。这使得木卫二上存在微生物等早期生命形式成为可能。

伽利略

自我牺牲

为了避免"伽利略"号上的微生物进入木卫二，"伽利略"号在接到人类最后一个命令后坠毁在木星上。这种为保护其他星球环境而摧毁探测器的行为在人类史上还是首次。美国今后将发射一颗专门探测木卫二的探测器"欧罗巴"，以解开木卫二上的生命之谜。

"先驱者" 11 号探测器

"先驱者" 11 号探测器从木星左侧 4.2 千米的地方飞过木星北极上空。它掠过木星云层时，拍摄了 300 多张木星彩色照片，同时进行了各项科学考察。

"旅行者"号

美国于 1977 年的 8 月 20 日和 9 月 5 日分别发射了两枚行星探测器。它们的主要任务是考察太阳系的行星。这次散步将是有去无回的旅行,因为它们最终会飞出太阳系。它们是太空旅行的先驱——"旅行者"号。

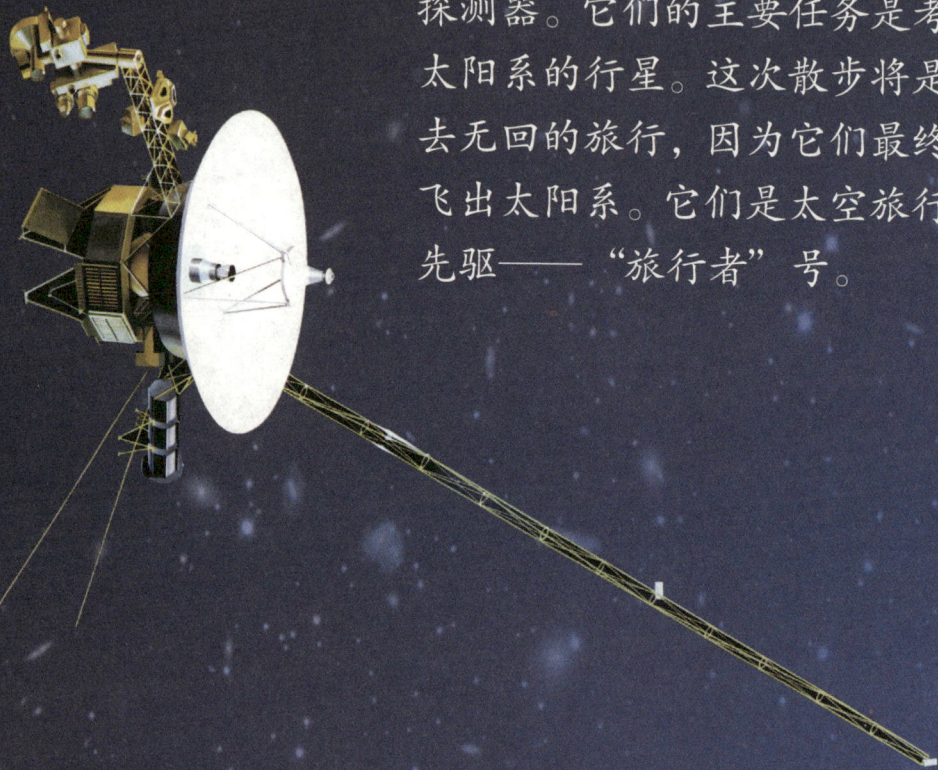

美丽的彩带

1980 年 11 月 13 日,"旅行者"1 号飞过土星的时候,发现了土星周围环绕着美丽的环形彩带。还纠正了"土卫六是太阳系中的最大的卫星"这一错误理解。

"旅行者"号的"体形"

它的外形呈环状十边形,带有直径达 3.7 米的大型天线。主要仪器是广角及窄角电视摄像机、磁强计、宇宙线和等离子体测量仪等。"旅行者"装有 16 台小型发动机,可以精确调整它的姿态,从而能够更加细致地观测目标行星。

特殊的使命

　　两个"旅行者"号探测器肩负着寻访地外文明的历史使命。它们各带有一套反映人类状况的镀金铜质声像片和一枚金刚石唱针，放在铝制盒内，可保存10亿年左右，期待在茫茫宇宙找到知音。

给外星人的信件

　　在声像片上有116幅照片和图表基本上反映了全人类文明以及地球环境、自然界的概貌。录音带上有55种语言的问候语和各种自然现象的声音以及27首世界名曲的录音，携带象征和介绍地球与地球人的珍贵礼物，漫游于茫茫宇宙，期待能有一天与地外文明相遇。

"旅行者"2号在发射前。

地球之场唱片

更加漫长的道路

　　"旅行者"1号在考察完土卫六后，完成了它的使命于1988年11月离开太阳系。"旅行者"2号也于1989年10月离开太阳系，朝天空中最亮的恒星天狼星飞去。它们还有很长的路，或许有一天看到它们的是地球以外的生命。

59

土星探测器

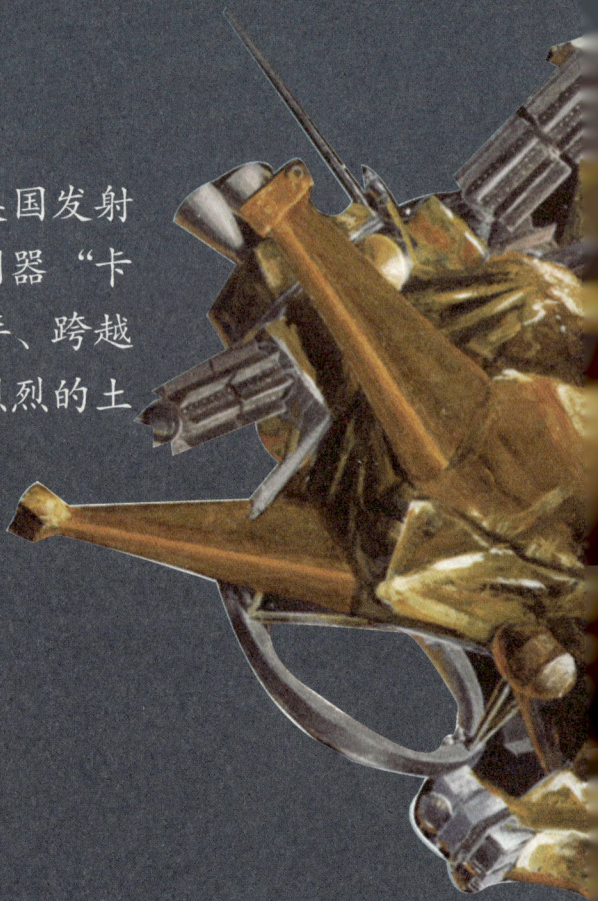

　　1997 年 10 月 15 日，美国发射了耗资巨大的大型土星探测器"卡西尼"。从此，一场费时 7 年、跨越 32 亿千米漫漫长路的轰轰烈烈的土星探测活动拉开了帷幕，让我们一起踏上这个迈向土星的漫漫旅途，一起见证土星和它的卫星的风采。

60

"卡西尼"号

　　"卡西尼"号直径 3 米，高 7 米，重 6.4 吨，携带了 27 种最先进的科学仪器设备。"卡西尼"号还携带了一个专门用于探测土星最大卫星土卫六的探测器，取名为"惠更斯"号。

太空发射平台

　　参加"卡西尼"号土星探测计划的国家一共有 17 个，"卡西尼"号上不仅安装有 12 台探测设备，还携带了可在太空发射的"惠更斯"号探测器。

"卡西尼"号发射现场。

加速接力赛

　　"卡西尼"号能够到达土星受到了三个行星的帮助，在经过金星的时候得到第一次加速，绕太阳一圈再经过金星后获得第二次加速。此后又经过地球和木星的引力加速，最终以每秒 30 千米的速度向土星飞去。

照相机

高增益天线

"卡西尼"号探测器

探索土卫六

　　"卡西尼"号飞临的土卫六有黑暗寒冷的表面、液氮的海洋和暗红的天空，偶尔洒下几点夹杂着碳氢化合物的氮雨等，是人类了解生命起源和各种化学反应的理想之处。

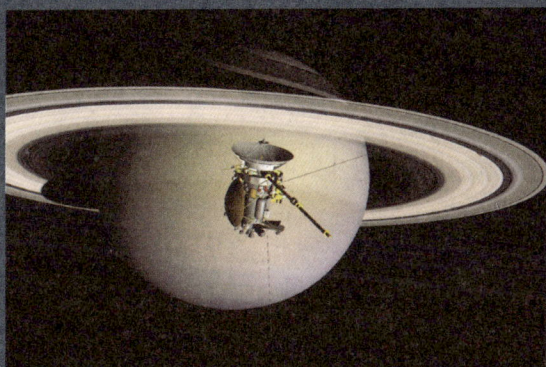

最后的使命

　　"卡西尼"号发回的照片显示，土卫二上的间歇泉不断向太空喷射水柱和冰状颗粒。2008 年，"卡西尼"号将再次近距离观测这个"喷泉"，而这次危险之旅或许是"卡西尼"号的最后使命。

"惠更斯"号

"惠更斯"号不用我过多的介绍，因为在了解"卡西尼"的时候，我们就已经久仰它的大名了。我们知道它的目标不是土星，而是一个叫土卫六的地方，它用短暂的寿命完成了预定的使命，土卫六在它的努力下不再神秘。

别了，"卡西尼"

重 317.5 千克，长宽为 2.75 米的"惠更斯"号探测器于北京时间 2004 年 12 月 24 日脱离了"卡西尼"号，开始了前往土卫六的长达 402 万千米的旅程。

"卡西尼"号释放的"惠更斯"号探测器发射图

探索大气层

"惠更斯"号上面安装的 6 台压力、温度、风速、大气成分测量仪器将为科学家们提供更加充分的证据，在进入土卫六大气过程中将进一步分析土卫六黄色的大气。

目标土卫六

"惠更斯"一名取自于 1655 年发现土卫六的荷兰天文学家克里斯蒂安·惠更斯。"惠更斯"的任务是探测土卫六的大气组成等各项物理参数，并将所得到的数据和图像用无线电传送给轨道上的"卡西尼"号飞船。

克里斯蒂安·惠更斯

短暂的使命

从离开"卡西尼"号到着陆,"惠更斯"号用了两个多小时。"惠更斯"号成功登陆后在土卫六上虽然只"存活"了90分钟,但它发送回来的宝贵数据将会让科学家们研究数年时间。

"卡西尼"号释放的"惠更斯"探测器进入土卫六大气。

真的有风吗

除了发回彩色照片外,"惠更斯"上的麦克风还捕捉到了一种呼啸而过的巨大声响。科学家目前还没有就此得出结论,不过探测器已经探测到土卫六上有风吹过,其时速约为24千米。

63

"惠更斯"号降落在土卫六上的模拟图。

探索40亿年前的"地球"

欧洲航天局"惠更斯"项目首席科学家勒布勒东形容说,探测土卫六,也许好像是"回到了40亿年前的地球"。所以,"惠更斯"号探测为研究地球生命起源提供了线索。

"新地平线"木星探测器飞越木星时想象图

"新地平线"号

"新地平线"号起飞速度是有史最快、星际航程有史最远的，探测的对象在太阳系的行星中有最多谜团、最多争议、而且是最难发现、最后一个被探测到的。

高价高水平

"新地平线"号耗资 5.5 亿美元，携带有 3 架照相机、3 台光谱仪及 1 台尘埃计数器的"新地平线"号，将可能使我们对冥王星及太阳系边缘的遥远世界有崭新认识。

"新地平线"号探测冥王星。

冰冷的冥王星

最快的星际旅行者

"新地平线"号的起飞速度将达到每小时 5.79 万千米，一秒钟就飞越 16 千米，它的速度是子弹的 17 倍，是飞机的 4 倍多。

"睡" 到冥王星

"新地平线"号仅每周向地球发送一次信号"汇报"状况。地面上的科学家也只每年"唤醒"它一次，对设备进行检查。在飞向冥王星的其余时间它几乎都是处于沉睡状态。

高科技都能源

这个 454 千克重的探测器装了 7 种科学仪器，但总能耗比一个夜间照明的灯泡还要低。因为距离太阳太远，无法使用太阳能，它装备了史无前例的核能动力。

"新地平线"冥王星探测器飞越木星时想象图。

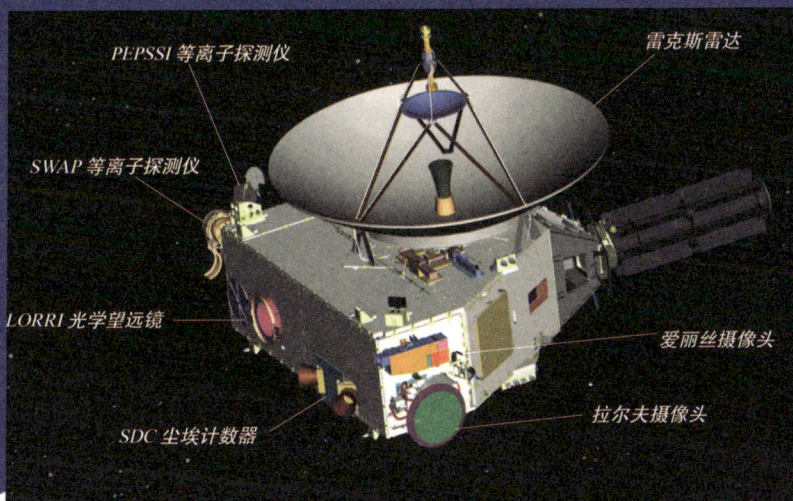

PEPSSI 等离子探测仪

雷克斯雷达

SWAP 等离子探测仪

LORRI 光学望远镜

爱丽丝摄像头

SDC 尘埃计数器

拉尔夫摄像头

漫长旅程

如果一切顺利，按照计划进行，"新地平线"号将在 2015 年到达目的地冥王星，届时它将走过历时 9 年，48 亿千米的时空之旅。

"哈勃"太空望远镜

它是太空中的眼睛，是人类第一架太空望远镜，它就是大名鼎鼎的"哈勃"太空望远镜。它带着两个长 11.8 米，宽 2.3 米的太阳能电池帆板。总长度超过 13 米，质量为 11 吨多，运行在地球大气层外离地面约 600 千米的轨道上。

"哈勃"的"心脏"

望远镜的光学部分是"哈勃"太空望远镜的心脏。由两个双曲面反射镜组成，一个是口径 2.4 米的主镜，另一个是装在主镜前约 4.5 米处的副镜，口径 0.3 米。

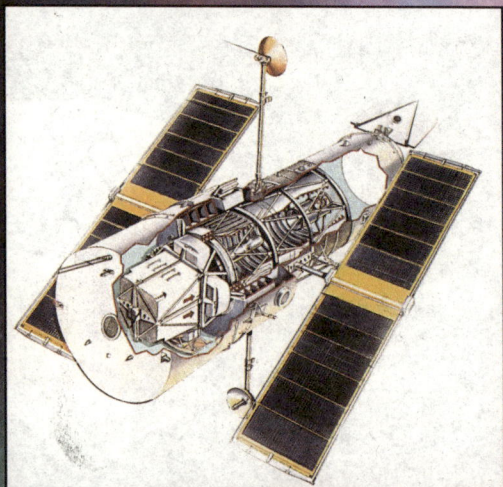

八大"宝物"

除了太空望远镜以外，"哈勃"太空望远镜还拥有八件宝物：宽视场和行星照相机、暗弱天体照相机、暗弱天体摄谱仪、高分辨率摄谱仪、高速光度计和三台精密制导遥感器。

维修"哈勃"太空望远镜

目前已经被维修了 4 次的"哈勃"，它的零件都被设计为可更换的。在望远镜工作期间，可以通过航天飞机上的航天员进行维修更换，必要时，也可以用航天飞机将整个望远镜载回地面做大的修理，然后再送入轨道。

"哈勃"望远镜探测到的蝌蚪星云。

曾经近视的"哈勃"

由于设计误差，1990 年发射的"哈勃"太空望远镜不能辨别 140 亿光年以外的物体，而只能看清 40 亿光年外的物体。经过数名宇航员的两次检修，才修复了近视的"哈勃"。

"哈勃"的未来

"哈勃"望远镜为人类探索太空立下了赫赫战功，但已经步入"老龄"的"哈勃"的维修着实让人头痛。科学家正在研制"哈勃"继承者"韦博"太空望远镜，并预计在 2013 年将"韦博"送入太空轨道。

"斯皮策"太空望远镜

2003年8月25日美国发射的"斯皮策"太空望远镜是第一台与地球同步运行的太空望远镜,它计划在太空中服务5年,通过红外矩阵,它能看到比"哈勃"更远的太空。

太空中的"斯皮策"太空望远镜

"斯皮策"太空望远镜

望远镜长4.45米,半径大约1米,包含了一个半径42.5厘米的透镜和另外3台观测仪器。它采用了大型红外探测器阵列技术,因此能够将目前的观测范围扩展上百万倍,还可以通过气团和尘埃去分析恒星的诞生和死亡。

读取宇宙的秘密

通过"斯皮策"太空望远镜,我们或许可以捕捉到宇宙大爆炸之后第一批发光的恒星残留的痕迹,从而揭示宇宙形成的秘密,展示宇宙里的第一批恒星发出的"宇宙之光"。

为了让太空更清晰

　　"斯皮策"太空望远镜的命名是为了纪念天体物理学家——莱曼·斯皮策。他在20世纪40年代首先提出把望远镜放入太空以消除地球大气层遮蔽效应的建议，这直接造就了"哈勃"太空望远镜的诞生。

莱曼·斯皮策

"斯皮策"太空望远镜拍摄到的星云图片。

红外眼让它看得更远、更多

　　科学家很早就提出用探测红外元素寻找外星生命的想法，而"斯皮策"太空望远镜正是这样的观测工具。在普通望远镜里，宇宙尘埃云和各种黑色暗点都暗淡不清，但对于"斯皮策"来说，它们却是光（红外光）芒四射。

"冷静"的观察者

　　"斯皮策"望远镜采用液氦为冷却剂，它的观测仪器通过在极低温度下工作，可以探测到被尘埃等所遮蔽的寒冷并且遥远的天体所发出的微弱红外辐射，也就是说可以捕捉到别的望远镜看不到的微弱热量。

"斯皮策"太空望远镜用红外线拍摄到的图片。

飞上太空的小动物

太空生物的研究不断发展着，迄今为止，先后进入太空参与宇航科研的实验动物已经包括猴、狗、兔、猫、鼠、鱼、蛇、鸡、海胆、蝾螈、水母、蛙、鹌鹑、蟋蟀、蜜蜂、家蝇等等。

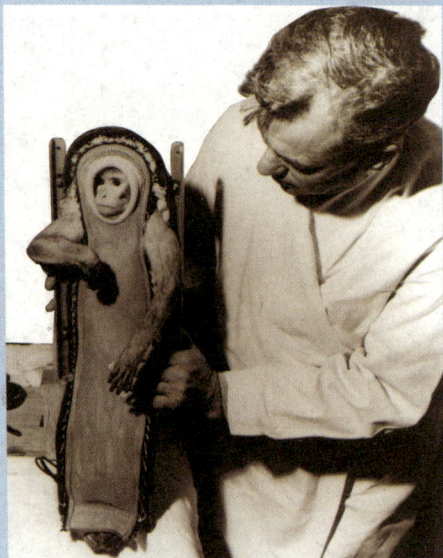

在美国第一位宇航员进入太空前，美国曾进行了多次动物试验，这是名为"萨姆"的猕猴成功返回地面时的情景。

太空中的蜂巢

1984 年 4 月 6 日至 13 日，美国"挑战者"号航天飞机在进行太空飞行时，将 3000 多只蜜蜂装在玻璃箱内，研究它们对太空环境适应的能力。可喜的是蜂王在太空中产下了 35 个卵，在这 7 天时间里，只有 100 多只蜜蜂死去。

"生物卫星"2号

1967 年 9 月 7 日，美国"生物卫星"2 号中载有一只猴子，预期进行 30 天飞行，但它到第 9 天就死了。猴子是最接近人类的动物，所以它的航天研究对后来的载人航天有着重大意义。

这是第一只被送上太空的黑猩猩 Enos 返回地面时身着宇航服的照片。

太空狗"莱伊卡"

太空动物园

　　"哥伦比亚"号组建了一个"脑神经实验室",这里饲养了2 000多只动物。这里专门设置的"动物舱"已经成为了一个秩序井然、环境良好的太空动物园,它们已经可以顺利地与人类共创太空时代了。

上图为科罗廖夫和一只乘坐1954年7月100千米高度试验火箭返回地面的小狗照片。

71

"宇航员"猩猩哈姆成功返回地面时受到工作人员的热情接待。

猕猴"航天员"

　　最像人类的动物猕猴进入了太空,之前它们受到了两年的条件反射练系,学会了按动操作杆和用牙齿咬动阀门。科学家通过对它们的观察可以研究解决宇航员的太空晕船等不适应症状。

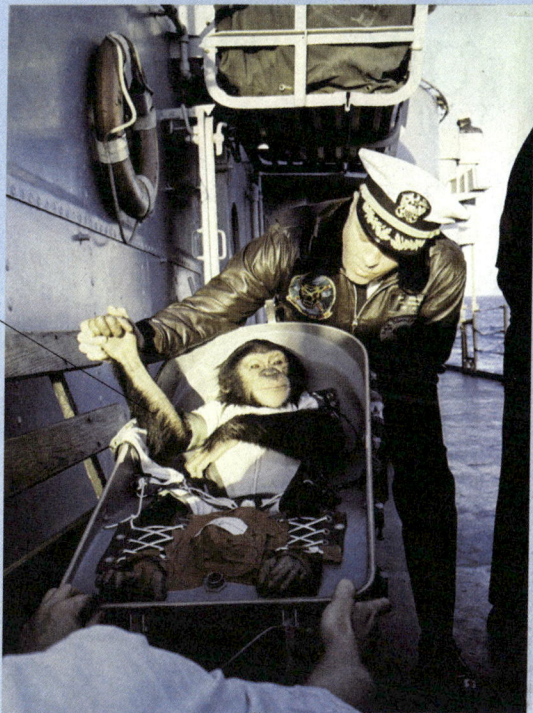

宇航员

"当我乘坐太空船在地球轨道上运行时，我为地球的美丽而惊奇。地球上的人们，让我们保护并增加她的美丽，而不是去破坏她！"

——尤里·加加林

宇航员是太空中的工作者，他们是人类最早进入太空的旅行者。或许有一天，我们都可以像他们一样遨游太空。

72

加加林在前往发射工位途中。

第一位宇航员——加加林

1961年4月12日莫斯科时间上午9时7分，在拜科努尔飞船发射场，一枚有6个发动机的重型火箭顶端连着一个直径为2.3米的球形容器——"东方"1号。这里坐着世界上第一位宇航员——前苏联空军少校尤里·加加林。

中国的太空人

2003年10月15日，"神舟"五号带着中国首位宇航员杨利伟升空。完成了中国第一次载人航天飞行，使中国成为第三个拥有载人航天技术的国家。

杨利伟

世界上第一个女宇航员

1963年6月16日9时30分，前苏联的B.B.捷列什科娃少尉乘坐"东方"6号宇宙飞船在拜科努尔发射场起飞，她成为进入宇宙空间的第一位妇女。

捷列什科娃

美国第一位宇航员

在 1961 年 5 月,37 岁的海军中校小艾伦·谢泼德在距地面 184 千米的空间进行了 15 分钟的飞行,这次飞行使他成为第一个进入太空的美国人。

葬身天空

在绕地球飞行一周后,加加林安全地降落在莫斯科东南 805 千米的萨拉托夫。当时,全世界几乎所有的报纸上都刊登了他的照片。1968 年 3 月他在一次意外的飞机失事中遇难,年仅 34 岁。

人类进入太空第一人——加加林。

美国"挑战者"号中的 7 位宇航员

曾经遇难的先驱

俄罗斯"联盟"1 号,因计算失误,小数点错了一位,宇航员科马洛夫摔死在地面上;美国"阿波罗"1 号,在训练时因操作失误,3 位宇航员被烧死在纯氧舱里;美国"挑战者"号航天飞机爆炸,7 位宇航员全部遇难。

宇航员科马洛夫

宇航服

如果不加特殊的保护，人是不可能在恶劣的太空环境中生存的。太空的寒冷可瞬间冻结皮肤；太阳的炙热又可引起严重的烧伤、失去大气层血液就会沸腾、人缺氧一会儿都会有生命危险。面对恶劣的宇宙环境，我们必须拥有一个保护服才能生存，宇航服就应运而生了。

74

飞行服到宇航服

1933 年，著名的美国飞行员怀利·波斯特成功地设计了第一件高空飞行员保护服。美国的宇航服就是借鉴了这个技术。

世界上第一批宇航员身着镀银的舱内航天服。

生命的保护层——宇航服

宇航服分为五层：内衣层、调温层、加压层、约束层、保护层。事实上真正的太空服还不止这几层，像美国的太空服多达15层，另外还要加上一个背包。

在航天飞机上升段和返回段飞行中，一旦发生意外事件，航天服能为航天员提供生存环境。

神奇的腰带

在宇航服的内衣层中有一条神奇的腰带,藏有一套复杂的微型监测系统,负责生理上各种数据的记录(包括心率、体温、呼吸)以及太空服内部的温度等数据,随时监控宇航员。

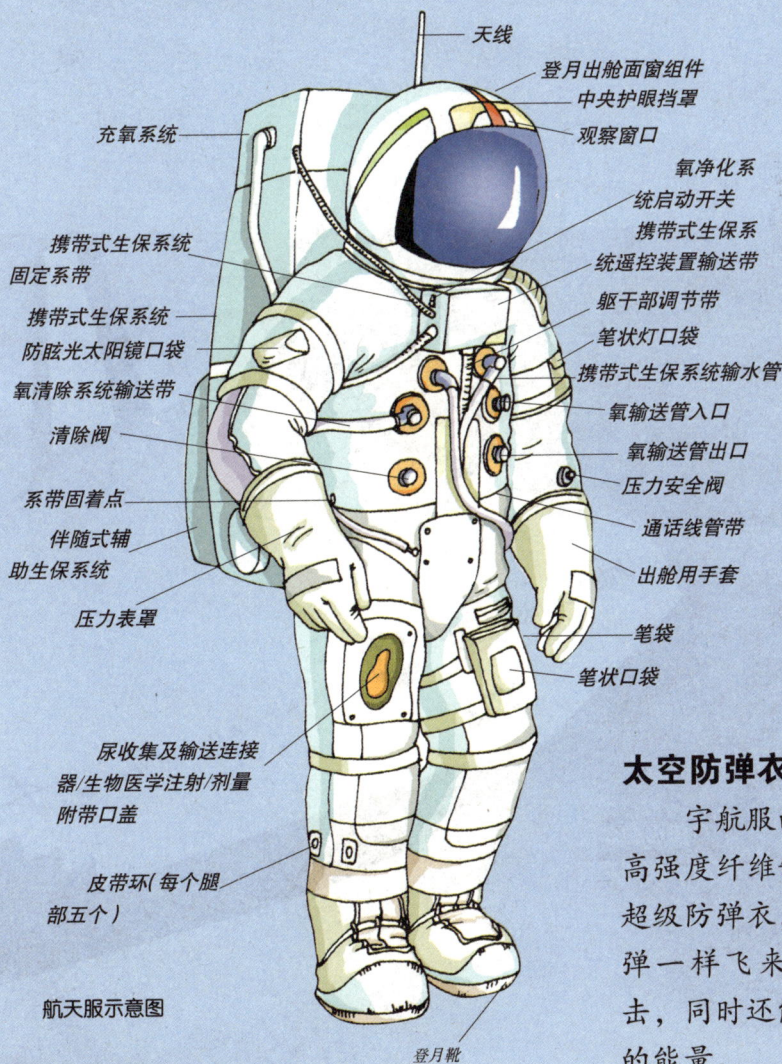

天线
登月出舱面窗组件
中央护眼挡罩
观察窗口
氧净化系统启动开关
携带式生保系统遥控装置输送带
躯干部调节带
笔状灯口袋
携带式生保系统输水管
氧输送管入口
氧输送管出口
压力安全阀
通话线管带
出舱用手套
笔袋
笔状口袋

充氧系统
携带式生保系统固定系带
携带式生保系统防眩光太阳镜口袋
氧清除系统输送带
清除阀
系带固着点
伴随式辅助生保系统
压力表罩
尿收集及输送连接器/生物医学注射/剂量附带口盖
皮带环(每个腿部五个)

航天服示意图

登月靴

太空防弹衣

宇航服的最外面一层由高强度纤维制成,好像一件超级防弹衣,能够防御像枪弹一样飞来的微小陨石攻击,同时还能吸收宇宙射线的能量。

昂贵的国家机密

太空服不仅要用高强度的涤纶等材料,还要辅以多种金属和胶黏剂等,这样一件衣服实在很"贵重"。美国一套太空服的价值超过1亿元人民币。由于太空服都被各自的生产国当成国家机密,所以普通人不可能知道其生产的细节和具体材料。

空天飞机

我们在很多科幻书籍或者科幻游戏中会看见一些在空中飞行的船。空天飞机是科学家设计的新型飞行器，就像科幻作品中的飞船一样，既可以从地面起飞，像飞机一样飞行，也可以像宇航飞船一样遨游太空。

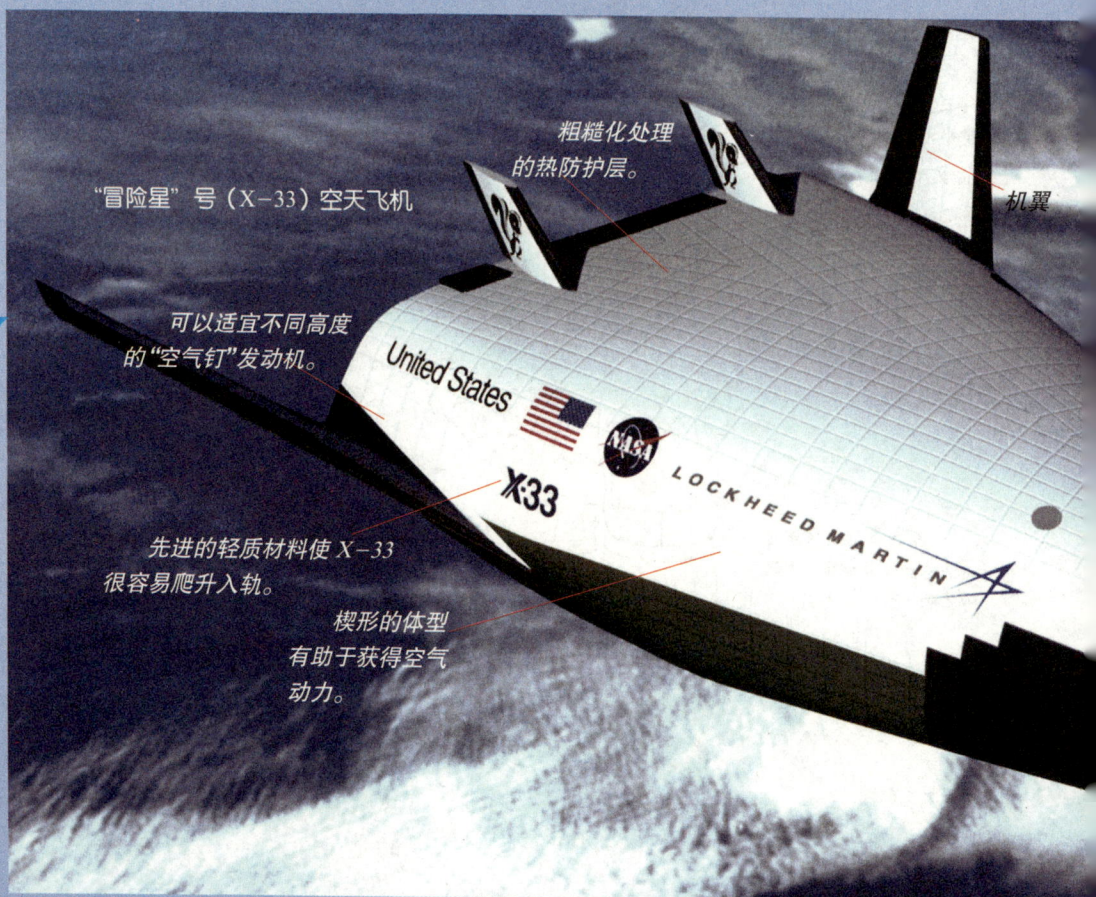

"冒险星"号（X-33）空天飞机

粗糙化处理的热防护层。

机翼

可以适宜不同高度的"空气钉"发动机。

先进的轻质材料使X-33很容易爬升入轨。

楔形的体型有助于获得空气动力。

空天飞机

人类一直设想有一种可以同时航空和航天的飞行器，这种飞行器能像飞机一样飞到高空，再通过高性能发动机进入低轨道。1986年，美国提出研制代号为X-30的完全重复使用的单级水平起降的"国家航空航天飞机"。

幻想中的航天器

美国正在积极研制空天飞机，如果研制成功，"东方快车"号将于2010年投入运营。可供305名乘客乘坐，最大时速为16 090千米，飞行高度30千米。

"东方快车"号空天飞机

空中拦截者

如果用于反战略导弹，空天飞机的长处是既可像其他太空拦截武器一样，在外层太空待命，又具有部署和攻击的更大自主性和灵活性。

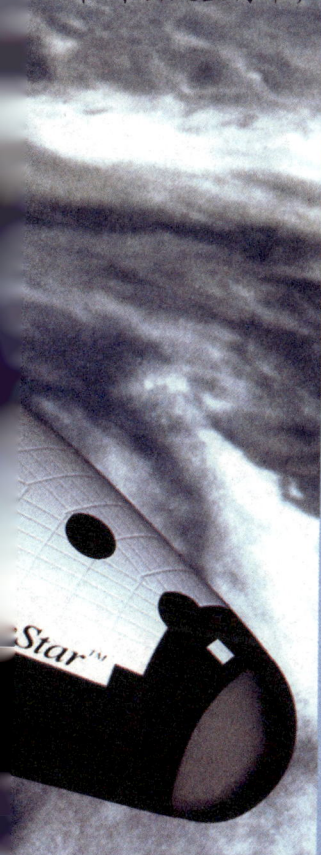

美国X-34空天飞机在组装车间。

"冒险之星"

1996年，在美国洛克希德-马丁公司的建议下，X-33空天飞机研制计划开始实施。这一计划中，将X-33空天飞机的飞行速度控制在音速的13倍，最终的成品被命名为"冒险之星"。研制在进行到99%的时候，由于经费问题而终止。

太空中的飞行器

普遍来说，太空舱和航天飞机以及设想中的空天飞机，甚至我们在科幻电影中看到的那些在宇宙中自由航行的飞行器，我们都可以叫它太空飞船。

航天飞机

　　飞机都是在大气层里面飞行的，但是有一种飞机是喜欢在太空飞行的。它们的工作不是运输游客往来于世界各地，而是运载探索太空的宇航员往来于地面和太空，它们就是航天飞机。

美国的航天器

　　美国航天飞机由三大部分组成，分别是轨道飞行器、外挂燃料箱和固体火箭助推器。这个长 50 多米的飞机一次可供 7 名宇航员乘坐，紧急状态下可以乘坐 10 名，最大运货能力为 25 吨。

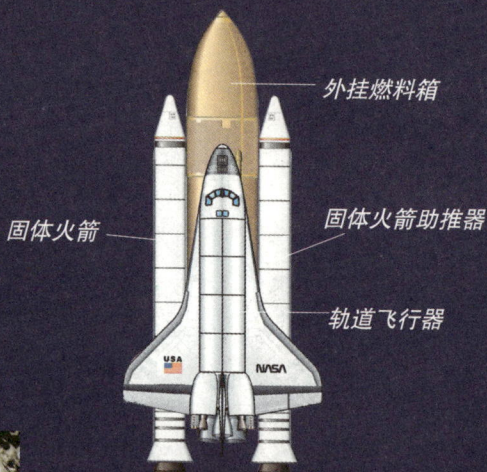

外挂燃料箱

固体火箭

固体火箭助推器

轨道飞行器

飞行舱

　　飞行舱兼具两个功能，既是驾驶轨道器的地方，也是使用机械手臂对有效荷载进行操作的地方。舱内有众多的飞行仪器表和控制装置。飞行舱内有 4 个座椅，可以乘坐指令长和驾驶员等 4 名航天员。

一次性设备

　　外部推进剂贮箱是航天飞机上唯一一次性使用的部件。在航天飞机进入轨道后，它就被强行抛弃，落入大气层中烧毁。

78

"奋进"号

　　"奋进"号是美国宇航局航天飞机家族中的最新成员，于1991年建造。它继承了"挑战者"号的遗志，接替了"挑战者"号的工作。它与"发现"号、"亚特兰蒂斯"号共同为美国的航天事业服务。

　　1992年9月12日，"奋进"号将第一位黑人女宇航员、第一位日本记者和第一对宇航员夫妇载入太空。图为美国第一位黑人女航天员梅·杰米森。

"哥伦比亚"号

　　"哥伦比亚"号航天飞机是第一架成功实现近地轨道飞行的美国航天飞机。1981年4月12日首次试飞，然而很不幸的是，"哥伦比亚"号2003年2月1日执行第28次任务时，返回途中在得克萨斯州上空发生爆炸，机组成员全数遇难。

1981年4月12日"哥伦比亚"首次飞行，在肯尼迪航天中心发射的情景。

从欢呼到痛哭

　　在继"哥伦比亚"号之后，美国航空航天中心又将"挑战者"号送入太空。这是在它旗下正式使用的第二架航天飞机。它于1982年完工启用，在1986年1月28日执行第10次任务，已升空73秒的时候，因不幸发生爆炸而坠毁。数百万观看的美国人从欢呼转为痛哭。

宇宙飞船

　　宇宙飞船，不是飞翔于宇宙的船，而是空间飞行器。最早的载人宇宙飞船当属"东方"号宇宙飞船了。当然了，还有更多的，我们这就来了解一下它们。

"东方"号宇宙

"东方"号宇宙飞船

　　1961年4月12日，"东方"号宇宙飞船承载着第一个宇航员飞入太空。它从拜科努尔发射场起航，在最大高度为301千米飞行超过3小时。这是一艘能够自动驾驶的宇宙飞船。它的"乘客"就是著名的俄罗斯太空人加加林。

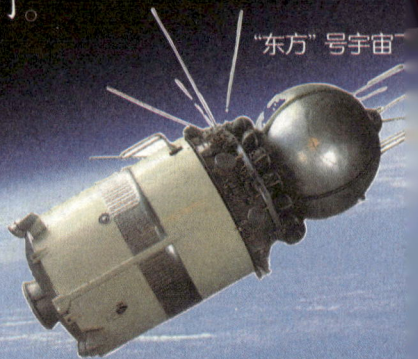

80

"双子星座"号

　　1965年12月4日，国际标准时间19点30分，美国在肯尼迪中心用"大力神"2号火箭发射了"双子星座"7号卫星式宇宙飞船。宇宙飞船上有两名宇航员：博尔曼和洛弗尔。

技术员对"水星"号宇宙飞船做检测。

"水星"号飞船

　　"水星"号飞船是美国第一个载人飞船系列。从1961年5月至1963年5月共发射6艘。前两次是绕地球不到一圈的亚轨道飞行，后4次是载人轨道飞行。

"上升"号宇宙飞船

"上升"号宇宙飞船重 5.32 吨,球形乘员舱直径与"东方"号飞船大体相同,改进之处是提高了舱体的密封性和可靠性。宇航员在座舱内可以不穿宇航服,返回时不再采用弹射方式,而是随乘员舱一起软着陆。

列昂诺夫打开"上升"号宇宙飞船闸门,进入太空。

在肯尼迪航天中心展出的"联盟"号飞船模型。

"联盟"TM 飞船

"联盟"TM 飞船是前苏联为适应"和平"号空间站长期飞行,而改进发展的第三代载人飞船。经过 1986 年的第一次不载人试飞之后,1987 年 2 月 6 日实现了运载宇航员与"和平"号空间站对接飞行。

从"双子星座"8 号看到的"阿根纳"号宇宙飞船。

"阿根纳"号宇宙飞船

"双子星座"8 号

1966 年 3 月 17 日,"双子星座"8 号的宇航员进行了首次太空对接。之后不久,由于飞船损伤,系统突然失灵,宇航员们不得不进行紧急着陆。

着陆场

着陆场一般选择在人烟稀少的草原和海洋等地，其实这些看似普通的地方都是综合考虑多方面因素才选定的，一般多在高纬度地区。

82

两个着陆场

载人航天器的着陆场一般都有两个，一个主着陆场，一个副着陆场。在主着陆场天气情况恶劣的情况下，副着陆场就可以发挥作用。此外，这里的条件要便于和宇航员联系，同时便于回收和营救。

何处着陆

着陆场的选择原则是要便于综合使用本国的航天测控与通信网；要有足够大的场地面积，以适应较大落点偏差的情况。而且场地气候条件也要好，不能有大风或者是雷雨天气。

俄罗斯着陆场

俄罗斯拥有辽阔的中亚细亚草原和西伯利亚大平原，东西绵延万里，所以较多采用国内陆上回收方式。着陆场设在拜科努尔发射场东北的一片草原上——东经66°~74°、北纬46°~52°的区域，面积约40多万平方千米。

卫星着陆场

卫星着陆场上的工作人员根据控制中心发布的卫星数据了解卫星返回的情况。着陆场配备有雷达设备，可以跟踪卫星返回轨迹、接收卫星发出的无线电信息，预报航天器的落点位置等。回收的搜索由直升机完成。

移动雷达跟踪车

美国着陆场

美国东西两边都临海，并且拥有一支训练有素的海岸救生队伍和设备。所以多选择海上着陆，但是具体情况还会有具体的着陆区，"阿波罗"飞船就要求必须是四个陆地着陆场。

"阿波罗"指令舱着陆在海上。

太空站

　　住在太空的梦想一直伴随着航天工作者，空间站就是这样的"太空公寓"。空间站作为宇航员在太空中长期工作和生活的地方，一般都有数百立方米的空间。具体划分为很多不同的区域，有过渡舱、对接舱、工作舱、服务舱和生活舱等。

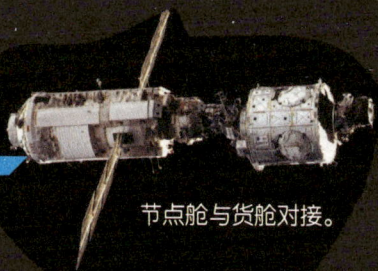

节点舱与货舱对接。

太空码头——过渡舱

　　过渡舱是宇航员进出空间站的必经通道，又被称为"气闸舱"，这里还是其他载人飞船和航天器的停靠码头。保证宇航员在太空中的正常生活和工作所用的物资补给都是从这里运送进来的。

"和平"号空间站

畅想"和平"

　　继"礼炮"号之后，前苏联将它的第三代空间站命名为"和平"号，于 1986 年 2 月 20 日升入太空。和"礼炮"号相比，它的对接舱口增加到了 6 个，对接能力大大提高。在"和平"号空间站，宇航员可以制造出一些地面无法制造的药物以及性能更好的各种半导体材料的单晶体。

太空实验室

太空实验室主要是在太空中进行短期的实验。它主要由实验舱、U 形平台、供应管道、通道等组成，一般可承载 2 ~ 3 名宇航员共同工作。

多国合作的结晶

国际空间站从 1998 年发展到现在初具规模，已完成部分模块的组装。其中包括俄罗斯研制的"曙光"号功能货舱、服务舱，美国的"联合"1 号节点舱和两个对接适配器、"命运"号实验舱等。

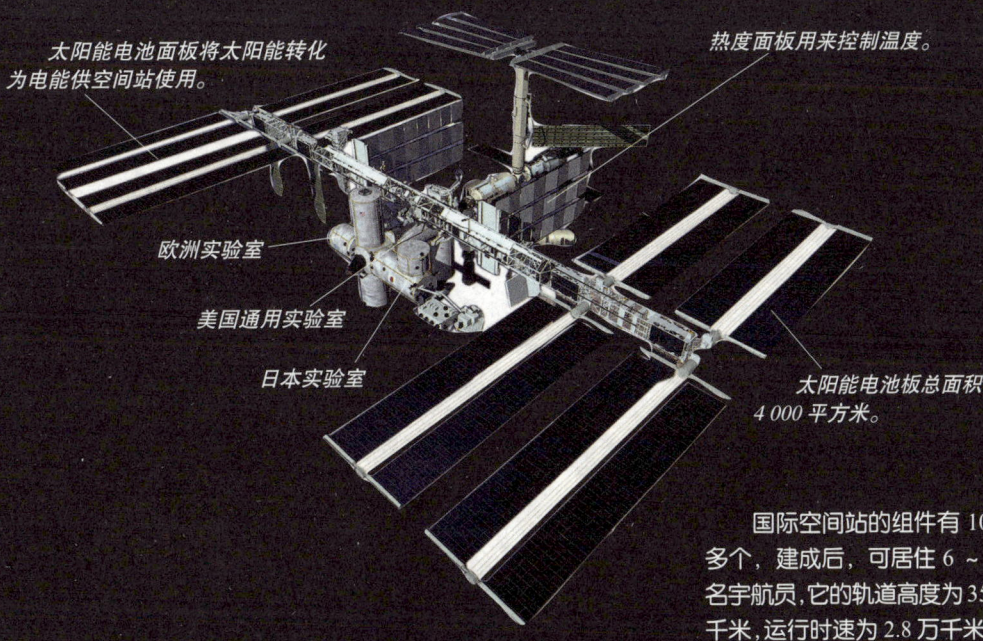

太阳能电池面板将太阳能转化为电能供空间站使用。

热度面板用来控制温度。

欧洲实验室

美国通用实验室

日本实验室

太阳能电池板总面积 4 000 平方米。

国际空间站的组件有 100 多个，建成后，可居住 6 ~ 7 名宇航员，它的轨道高度为 350 千米，运行时速为 2.8 万千米。

国际航空合作

国际空间站是一个国际大合作的项目，参与的有美国、俄罗斯、日本、加拿大、巴西和欧洲航天局的 11 个成员国共 16 个国家。1983 年，由当时的美国总统里根提出，经过了 10 年的探索和研究，终于在 1993 年完成了最终设计。

在太空中行走

散步是一件很惬意的事情，尤其是在晚饭后去公园或者郊外散散步。但是，如果你想在太空中行走就没那么惬意了，因为那里没有地面。

人类在太空的第一步

1965年3月18日，勇敢的前苏联宇航员阿列克谢·阿尔希波维奇·列昂诺夫走出了航天器。他在太空中度过了大约24分钟，其中有几次离开飞船距离达到5米，完成了人类首次出舱活动任务。

86

阿列克谢·阿尔希波维奇·列昂诺夫

爱德华·H·怀特被7.6米长的脐带线和7米绳索连接在飞船上，进行美国第一次舱外活动。

太空漫步的准备工作

在出舱前，宇航员必须先吸一段时间氧气，将体内的氮气排出。喷气背包和通信背包是出舱工作必备的。喷气背包是方便宇航员在失重状态下调节自己行动方向的。

在机械臂的辅助下，航天员进行舱外活动。

美国第一个太空散步者

美国航天史上第一位出舱活动的宇航员，是爱德华·H·怀特。1965年6月3至7日，他乘坐"双子星座"4号飞船进入太空，在舱外工作了21分钟，用喷气枪进行了移动试验，成为实现美国太空行走的第一人。

行走太空次数最多的人

俄罗斯宇航员索洛维耶夫是太空行走次数最多的宇航员。到目前为止，他已累计出舱17次，太空行走80多个小时。

离开"脐带"

早期的太空行走都离不开一条"脐带"，它能将出舱的宇航员和舱内连接起来。1984年，两名美国宇航员把这条"脐带"去掉了，并在太空中行走了1个多小时。他们的宇航服有着专门的设计，可以在需要返回的时候自动飞回舱内。

太空散步时间最长的人

美国宇航员赫尔姆斯和沃斯，在2001年3月11日创下了在太空中单次行走时间最长的记录。在出舱后，他们在太空中结伴而行8小时56分钟。

"奋进"号航天员捕获国际通信卫星。

太空中的生活保障

生活在太空不像在地面一样简单，那里没有空气、水、大气压以及适合人类生存的温度。所以，太空中的生活保障就成为了宇航员的生命保障。

氧气供应

氧气是人类生存所必需的。短期载人航天器多采用高压气罐存储纯氧，气体经减压后输入座舱。长期载人航天器多装备了靠电解水等方式获得氧气的设备。

国际空间站服务舱里产生氧气的设备，它的原理是通过电解水产生氧气。

温度和湿度

航天器中温度和湿度控制是同时进行的。为了防止内外热量交换，航天器的舱段设计了隔热层。舱内多余热量的排出，通常都是采用热辐射器或采用消耗式蒸发剂的方式。在热交换器中，空气中的多余湿气会凝结成水，从而保证舱内的湿度。

太空中的水

水是生命存在的必要保障。与氧气的供应相同，短期载人航天器采用消耗式的方法供应水，长期载人航天器则采用再生式的方法。水的再生一般是通过对废水的特殊处理，经过过滤、杀菌等一系列方法，回收率达到了90%以上。

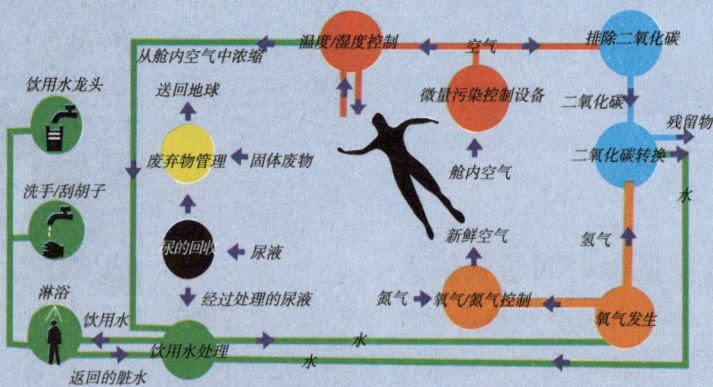

太空中水的再利用

88

太空中的废气处理

　　太空舱内废气的处理主要是通过活性炭过滤、催化氧化、吸附剂吸收等方法。宇航员呼吸产生的二氧化碳，以及日常工作中产生的少量甲烷、氨气等，通过不同的方法进行处理，使舱内空气得到净化。

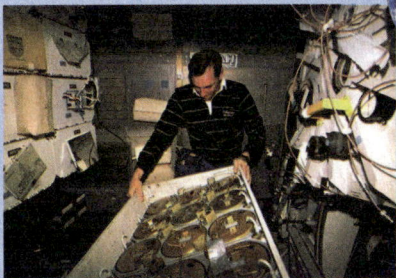

宇航员在启动空气净化系统。

太空医疗

　　宇航员在太空中一工作就要很长时间，他们的身体状况也需要做定期的检查。科学家们在载人航天器上安装了专门针对宇航员的医学监测和监视设备。另外在舱内，还有专门的药箱，里面配备了各种常用药。

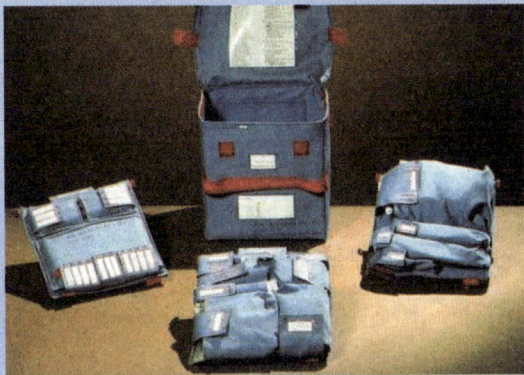

航天器上备有急救箱，以防一些突发的疾病。

生活保证

　　与生活在地球上的人一样，宇航员在太空中也需要一些生活上的必要保证。比如洗澡、排便、理发、睡眠，还有男宇航员剃须等。这些科学家们都充分考虑到了。在航天器狭小的空间内，这些设施一应俱全，并根据太空的环境有着特殊的设计。

太空洗澡时，圆筒状淋浴隔帘从地板拉向天花板并固定，水从软管的喷头喷出来，由下面的抽吸泵将水吸走，在喷头上装有高能控制按钮。

住在太空的日子

　　你想过在太空中如何睡觉、如何吃饭、如何洗澡和锻炼吗？当你看到食物在眼前飘过，水滴停留在空中，或许你会认为这是在童话世界里，其实，这就是太空里的生活。

太空饮食

　　在失重情况下，普通食物会产生碎屑，这些碎屑会漂浮在舱内，污染环境。所以人们发明了"牙膏式"食品。随着技术进步，宇航员可以选择越来越多的食品。

美国"阿波罗"飞船和前苏联"联盟"号飞船在对接后，美国航天员品尝前苏联"牙膏式"食品。

太空里睡觉

　　由于失去了地心引力，宇航员即使睡觉也是处于一种悬浮状态，很难踏实入睡。所以，给他们配置了睡袋，睡袋有特殊的束缚装置，可以将宇航员的身体、头部与支撑垫和枕头贴紧，让宇航员有类似于在地球上睡觉的感觉。

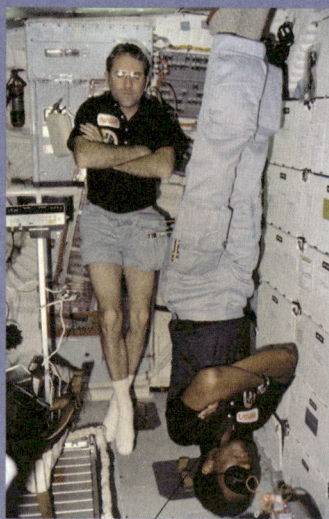

在太空中睡觉戴上眼罩，是为了防止光线干扰。

太空中的卫生保健

　　在太空中生活，日常必要的卫生保健也可以在航天器中完成。科学家们经过了缜密的思考，用抽吸泵解决了上厕所和洗澡的问题。至于刷牙，短期飞行可以用口香糖代替；长期飞行有专门的电动牙刷和宇宙牙膏。

90

太空中的食品

　　太空食物在食用中不能产生碎屑、汤汁等。由于这些碎屑和汤汁会漂浮在空中,污染舱内环境,对宇航员的身体健康构成伤害,也对仪器、设备构成损坏。日常食品、储备食品、救生食品是载人航天器中必备的三类食品。

宇航员使用筷子进食米饭,身边飘浮着饮水袋。

航天员身着轻便的衣服在空间站工作。

舱内工作

　　宇航员在舱内工作,就不需要穿着专门的宇航服了。在太空站中搬运物体也是宇航员工作的一部分,这个工作要比在地球上容易得多。因为物体到了太空中都不再具有原来的重量了。再大的物体,轻轻一拿就可以"搬"走了。

坚持锻炼

　　宇航员到了太空中也会坚持锻炼。拉力器、功率自行车和跑步器都是非常有效的锻炼器材。这些器材帮助宇航员平衡全身的体液循环,防止在失重状态下腿部肌肉的损失。

宇航员约翰格伦从航天飞机的窗口用照相机拍照。

宇航员在跑步机上坚持锻炼身体。

太空垃圾

在地球轨道上，有许多的火箭残骸，爆炸或者损坏了的卫星和卫星碎片，这些轨道上所有没有用的东西都是太空垃圾。目前，轨道上运行的物体中90%都是太空垃圾。

每一个点就是一个环绕地球运行的太空垃圾。

追踪太空垃圾

北美防空司令部利用遍布全球的雷达网，监测轨道上的各种物体。计算机通过对太空垃圾的监测，预测太空飞行器发生碰撞的可能性。

危险的垃圾

在太空中，一个樱桃大小的物体如果以3万或4.5万千米的时速碰撞我们的太空飞行器，它产生的破坏力就相当于一枚手榴弹。

北美防空司令部正在跟综太空垃圾。

防护措施

　　为了保护太空飞行器，科学家设计出了陶瓷纤维保护罩，每层都吸收一些撞击物的能量。在物体撞到飞行器主体之前，就可以将太空垃圾的能量消耗殆尽。目前，陶瓷防护罩已经用在了国际空间站上。

碎片的威力

　　碎片撞击太空飞行器的速度一般都是相当高的，所以碰撞的危害取决于撞击的位置。1983年，一片只有1/5毫米的漆块在航天飞机的舷窗上砸出了4毫米的小坑。

清洁太空

　　科学家们对清除太空垃圾的设想非常的新奇。其中有人建议使用太空机器人在轨道上巡逻，把轨道上飘荡的旧飞行器收回，用激光枪粉碎后回收利用。

太空垃圾近地轨道上，地球同步轨道上的垃圾围成了一个圈。

美国的"天空实验室"空间站

未来航天

现代的火箭多是靠燃料燃烧产生高压高温气体来推动其前进的，但是它的速度非常有限。为了能够在相同的时间内飞行得更远，人类希望能借助光子的力量，使火箭具有光一样的速度。于是，就有人设想出了"光子火箭"。

缩小的航天舱

到2010年美国现役的3架航天飞机将全部退役，此后美国的载人航天器将由"奥赖恩"唱主角。这个航天器驾驶舱的长度只有3.5米，航天员的身高限制在了170厘米到175厘米。

火星基地

火星与地球是近邻，它上面的环境与地球也很相似。人类计划在未来建立起具有相当规模的"火星城"，届时将会有大批的地球人在上面工作、居住。

时空隧道

　　人类的航天技术发展到现在，"时空隧道"已不再是"天方夜谭"，科学家们已经想出建造时空隧道的原理和方法。在时空隧道里，飞行只需要很短的时间，宇航员甚至可以不用带过多的氧气、饮水和食物等。他们去往另一个星球工作，就好比人类现在每天上下班那样轻松。

太阳帆船

　　人类生活在地球上可以感受到风的存在，其实太阳也可以产生"风"，这种风就是人们常说的太阳光辐射。这种辐射的压力非常小，所以人们通常感觉不到。科学家们想到利用"风帆"的原理，来借助这种太阳风的力量，发明一种太阳帆船。

太阳风帆

太空城外形是圆筒或车轮状的，绕中心轴旋转，产生与地面重力相同的效果。

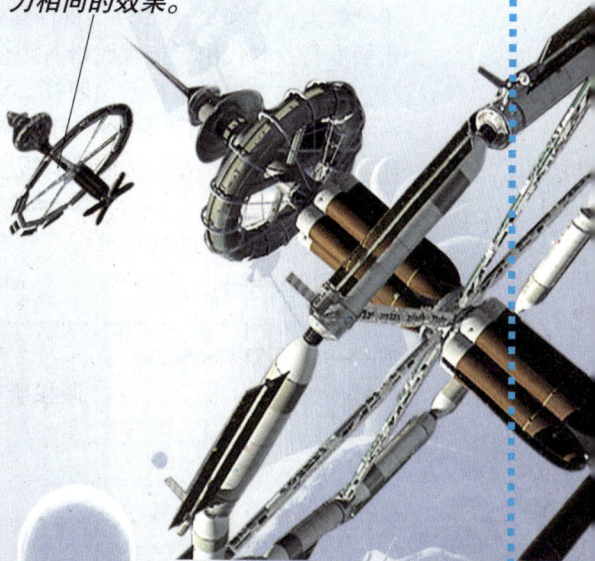

未来的太空城

　　在太空中建立形如地球上的城市，是人类一直以来的太空梦想。早在 1903 年，俄国的齐奥尔科夫斯基就提出了太空城的构思。在未来，太空中会有供人类居住的城市，还会有太空工业城、太空农业城、太空科研城等。各个太空城之间也会有方便的太空船和太空列车往来。

图书在版编目（CIP）数据

伟大的航天 / 张哲编. —合肥：安徽科学技术出版社，
2012.11
（中小学生最爱的科普丛书）
ISBN 978-7-5337-5567-6

Ⅰ．①伟…Ⅱ．①张… Ⅲ．①航天 – 青年读物 ②航天
– 少年读物 Ⅳ．①V4-49

中国版本图书馆 CIP 数据核字（2012）第 051800 号

伟大的航天　　　　　　　　　　　　　　　　　　　　　　张哲　编

出 版 人：黄和平　　　责任编辑：吴　夙　　　封面设计：李　婷
出版发行：时代出版传媒股份有限公司　　http://www.press-mart.com
　　　　　安徽科学技术出版社　　　　　http://www.ahstp.net
　　　　　（合肥市政务文化新区翡翠路 1118 号出版传媒广场,邮编:230071）
印　　制：合肥杏花印务股份有限公司

开本：720×1000　1/16　　　印张：6　　　字数：100 千
版次：2012 年 11 月第 1 版　　印次：2023 年 1 月第 2 次印刷

ISBN 978-7-5337-5567-6　　　　　　　　　　　　定价：29.80 元